一流シェフ
のお料理
レッスン

"Esprit de BIGOT"
藤森二郎的美味手册

面包完全掌握

〔日〕藤森二郎◇著　　　马金娥◇译

中国民族摄影艺术出版社

以使厨房成为家庭面包店为目标。一边和面团对话，一边愉快地尝试制作面包。

从前，有位主厨说过："料理人是音乐家，糕点师是画家，面包师是科学家。"听到这句话后我恍然大悟，觉得确实是这样。

料理人和糕点师更多地依赖于感性，因此他们的工作类似于艺术家。但是面包师在制作面包的过程中要计算温度、湿度和时间，所以我们的工作确实更类似于科学家。

但是无论多么专业的面包师也不可能每天揉搓同样状态的面团，烤制出同样的面包。这是因为面团是活的。

酵母的发酵和面筋的形成是不断进行的过程，和面、一次发酵、排气、整形、最终发酵、烘烤等，面团会在这一整套工序的各个阶段被不断地"调整"，最终形成面包坯。

　　本书的写作目的就是向大家传授制作面包的技巧和秘诀，让大家"在家烤出媲美面包店的美味面包"。制作美味的面包需要认真观察、触摸面团，一边思考一边制作。而反复地制作、品尝、不断提升面包的品质必不可少。只有通过不懈地努力，才能让你的厨房成为家人翘首以盼的"家庭面包店"。接下来就让我们一边愉快地与面团对话，一边制作面包吧。

Esprit de BIGOT

藤森二郎

目录

以使厨房成为家庭面包店为目标。一边和面团对话，一边愉快地尝试制作面包。

第一章
法式面包的面团

第二章
主食面包的面团

第三章
布里欧修的面团

【制作说明】

■ 使用材料说明

使用前需将面粉过筛，若使用的是 2 种面粉，则需将面粉混合再过筛。使用的鸡蛋是中号的(1 个约 60g)。如果没有明确说明，黄油都使用无盐的，砂糖用的是上白糖。EV 橄榄油是指特级初榨橄榄油。水果和坚果的用量会根据季节、品种的不同而改变，书中标出的材料分量仅供参考。手粉（在制作面食时，将手粉撒在台面上或手上，可防止粘附面糊）的分量都不在材料表计量之内，请根据实际情况适量使用。

■ 使用的工具

本书中制作面包时使用的工具都是家庭常备的或可以轻易买到的。

■ 使用家用烤箱

本书中的面包都是用家用烤箱烤制的，烘烤温度和烘烤时间书中都有写明。不同机型的烤箱，性能也不同，所以烘烤温度和烘烤时间只能作为参考，烘烤时可以根据面包的颜色等来判断是否烤好。如果没有特殊说明，烘烤前都要先预热烤箱，预热温度要比烘烤时的温度高 20℃左右。如需高温预热，会在"准备"事项中说明。发酵时间和松弛时间也仅供参考。

■ 如何处理吃不完的面包

吃不完的面包最好用冷冻保存。我通常会用锡箔纸将面包分别包起来，吃之前从冷冻室拿出来直接烘烤加热即可。如果保存时没用锡箔纸包住，须先用喷雾器往面包上喷点水再烤，这样烤出的面包口感非常松软。

我制作面包的根本原则是
"温柔地对待面团"

究竟该如何制作面包呢？接下来我就按照制作流程为大家逐一说明。只有了解面团的变化过程，才能理解为什么要采用这种方法制作，从而更好地掌握面包制作的窍门。

制作面包的主要材料是面粉、酵母和水。往面粉中加入水搅拌揉搓后，面粉中的蛋白质就会与水结合，此时面团会形成被称为面筋的柔软的细网状组织。人们经常将面筋比作面团的"骨骼"，面粉中所含的淀粉充填在骨骼之间就形成了"墙壁"。

另一方面，酵母遇水便会发酵，随之产生二氧化碳、酒精和有机酸。二氧化碳可以使面团膨胀，酒精和有机酸是面包的香气及风味的来源。

随着二氧化碳的不断产生，具有面筋这样柔软骨骼的面团就会像气球一样膨胀起来。在最后的烤制阶段，面筋和淀粉被高温烤硬，此时的面筋和淀粉比烘烤前的状态更坚硬和稳固，足以维持面包的形状。

制作面包不同于制作料理和点心，它拥有独特的流程和众多注意事项。究其原因，在于面团和酵母都是"活着"的。将酵母和水加入面粉中，酵母就开始不断地发酵了。在和面、发酵、整形的过程中，甚至烘烤完成后，酵母都在持续不断地活动，即使多一分钟，面团的状态也会不同。

所以制作面包时，最重要的就是要随时观察面团的状态。我制作面包的基本原则就是"温柔地对待面团"。想要做出美味的面包就需要考虑"面团的心情"，这和与人相处是一个道理（笑）。

面包的制作流程

1 准备

▼

2 和面

▼

3 一次发酵

▼

4 排气

▼

5 分割

▼

6 中间松弛

▼

7 整形~最终发酵

▼

8 烘烤

热乎乎的
面包新鲜出炉了！

1 "准备" 适合放置面团的 "浴室" 环境

在制作面包的整个过程中，最理想的室内环境是**温度保持在28 ~ 30℃、湿度维持在60% ~ 75%**。这种环境和潮湿的梅雨季或浴室的感觉很像。虽然对人来说这种环境不是很舒适，但如果温度太低，就会影响面团的发酵，如果湿度太低，面团就会变干，所以需要根据当天的天气，使用空调等手段调节温湿度。但是也**有一种情况例外，那就是在制作含有黄油的面团时，需要保持凉爽，使室内维持在黄油不会化开的温度**。总之，不管哪种情况，干燥都是最大的敌人。因此，制作时须注意不要让空调的风直接吹到面团。

和面前的 "搅拌"

首先将面粉筛入碗中，接着加入其他材料，然后用硅胶铲轻轻搅拌，要在加水之前搅拌均匀。

搅拌均匀后，在面粉中间挖一个浅坑，然后倒入水或牛奶等液体，并用硅胶铲快速搅拌。这个过程的主要目的是让水分完全被面粉吸收，所以不需要揉搓，轻轻搅拌即可。当面粉充分吸收水分后，将面团放到操作台上。

1 面粉一定要过筛。袋装面粉有时会随着湿气的增加以及面粉颗粒间空气的减少形成硬块。过筛可以使空气混入面粉，从而使硬块散开。如果要用2种不同的面粉，需要先将面粉混合在一起再过筛。

2 将面粉和其他材料放到碗中。盐会妨碍酵母的活性，所以放的时候要尽量离酵母远一些。

3 用硅胶铲将材料搅拌均匀。

4 加入液体（水、牛奶、鸡蛋）并搅拌。开始的时候像画小圈似的搅拌，然后逐渐将圆圈扩大。

5 当形成很多面块后，将其倒在操作台上，此时面块的表面还比较干。

6 快速将面捏到一起。成团后立即停止动作。

不要用力！有节奏地轻松"和面"

接下来我们就要进入和面的阶段。在日本，做乌冬面等面食时总给人以用力和面的印象，所以很多人都误以为做面包也需要用力和面，**但我却认为和面时应该对面团温柔些。基本的和面方法有下面介绍的2种**，本书中的面包都是使用这2种方法制成的。在面团还很黏的阶段采用第一种和面方法，当面团不粘台面的时候换成第二种和面方法。

本书中使用的面粉分量都在500g以下，**用手和面即可，这样要比用台式和面机搅拌的效果好。**因为相对于面粉的分量来说，和面机的力量太强了，会过度搅拌面团，一定要注意这一点。

SPECIAL 特别 LESSON 课堂

2种和面方法

这2种和面方法都有不同的使用阶段。当面团还比较黏的时候，使用"和面法 A"；当面团变得比较紧实且没有那么粘手时，使用"和面法 B"。2种和面方法都不需要太用力。尤其是使用中高筋面粉的时候一定不要用力和面，而是要充分利用甩腕和面团自身的重量。让我们有节奏地轻松和面吧。

面团还发黏的阶段 和面法 A

由于面团非常软并且很粘手，所以需要用两手的指尖来和面。随着面筋的形成，一开始黏糊糊的面团慢慢就不粘操作台了。

1 用指尖捏住面团的两端

由于面团很黏，为了不让面团粘在手上，可以用指尖捏住面团的两端。这样手的温度也不会传递给面团，从而防止面团的温度上升。

2 将面团举起到手肘的高度

将面团举到操作台上方20cm左右，与自己手肘的高度差不多。

3 将面团轻摔在操作台上

不要用力摔，将面团轻叩在台面上即可。然后顺势将靠近身体一侧的面团稍稍抬起。

4 将面团对折起来

接着将抬起的部分向前折叠，然后重复 **1**~**4**。每次操作都用指尖捏住图中标红点的地方，这样就可以自然地改变面团折叠的方向，也会把面团和得更均匀。

面团基本聚拢成形的阶段 和面法 Ⓑ

随着面筋的形成，面团聚拢在一起并且不粘台面时，需要使用比"和面法Ⓐ"稍微大一点的力量来和面，这样可以增强面筋的延展性。这个阶段基本上只用一只手和面，和至面团既不粘手也不粘台面。和好的面团表面会变得光滑且具有光泽。

1 用左手的指尖捏住面团靠近身体的一端

为了防止面团温度上升，尽量用指尖拿放面团。

2 将面团举到手肘的高度

将面团举到操作台上方20cm左右，也就是自己手肘的高度，再稍微用力将面团甩起。

3 将面团摔在操作台上

摔打面团可以增加面筋的延展性。摔的力度要比"和面法Ⓐ"大一些，但是不需要特别用力。用手腕的力量从上向下甩即可。

4 将面团对折

如图所示，将面团对折。对折时和 **3** 一样，用手腕的力量快速向上提拉并折叠面团，所有动作都要一气呵成。

5 用右手改变面团的方向

为了把面团和得更均匀，需要用右手旋转面团（如图所示），然后重复 **1**~**5**。虽然没有规定面团应如何旋转，但为了便于记忆，最好每次旋转90°。

和完面后拉伸面团确认状态

　　当面团既不粘手也不粘台面，并且表面光滑、有光泽时，就可以停止和面了。为了确认面团的状态，要用双手拉面团的边缘。如果面团没有断裂、能被拉成薄薄的一层且表面平滑，就说明面筋已经完全形成，和面步骤完成。中高筋面粉和高筋面粉的面筋含量不一样，所以拉面团的方法会有所差别。

和面时的小窍门

与"过度和面"相比，"怀疑自己和得不够"才是更好的状况

虽然面筋是在和面时形成的，但在之后的一次发酵过程中，面筋也会得到充分的扩展和延伸，所以**我个人认为，在和面阶段面筋没有完全形成也没关系**。因此与"过度和面"相比，"怀疑自己和得不够"才有机会适度调整。

要尽快将粘在手上的面和进面团

和面时手上难免会粘到面，**要趁面还发黏的时候将其刮下来并和进面团**。如果等手上的面变干变硬后再和进去，面团里就会出现面块。先将面团揿开，再将手上的面刮下来包入面团中，然后继续和面就可以了。

注意不要过多地使用手粉

在和面和整形等阶段都会用到手粉（➡p15）。撒上手粉可以防止面团到处粘连、便于操作，所以适量用手粉是必须的，**但由于手粉会不断地被和进面团，最好不要使用过量。**请使用与材料一样的面粉作为手粉。

面团里和入黄油时

　　在制作布里欧修这样的面包时，需要往面团里加黄油。由于黄油会阻碍面筋的形成，所以需要先和面，等到面筋形成后再加入黄油。

　　当和面至面团不粘台面只粘手时，就可以加入黄油了。如果说把面完全和好的状态是十成，那么此时就相当于和了六成。若不在此时加入黄油而继续和面，会让面筋的韧性变强，面团的弹性变大，就很难把黄油和进面团了。

　　此外，如果黄油又冷又硬，会很难和进面团。黄油太软也会让面团软塌，最好先将黄油放在室温下软化一会儿，待其温度比面团稍低（2～3℃）时再和进去。

当黄油的硬度达到用手指可以毫不费力地在上面按压出坑时即可。

将黄油撕成小块放在面团上，用面团包住黄油，然后开始和面。

和面完成后，根据面团的温度决定之后的操作

和面完成后，一定要即时测量面团的温度。专业面包师会根据面包的种类来设定不同的面团温度作为参考，为了便于理解，本书把基本的参考温度设定为25℃（如有例外情况会特别注明）。**设定这个温度不是说这个温度好或不好，而是要以这个温度为基准来调整以后的操作。**

此外，如果您经常做面包就会知道，应该事先考虑制作当天的气温等因素，**并为此做好准备措施以防止面团和好后温度过高或过低。**如果预测面团和好后的温度会比较高，可以在前一天将面粉放到冰箱里冷藏。加入冷水或冰水会使面团变得软塌，所以最好避免使用。反之，**如果预测到面团揉好后的温度会比较低，则可以适当提高室内温度。**

特别是制作法棍、法式乡村面包等面团里不需要加糖的法式面包时，面团的完成温度即使只差1℃，也会对之后的发酵状态产生很大的影响。为了更接近专业面包师，即便是在家里制作面包，也要重视面团和好后的温度。

面团温度

高于 **25**℃

缩短一次发酵的时间、减轻面团排气

25℃

面团温度

低于 **25**℃

延长一次发酵的时间、加强面团排气

3 决定面包味道的重要步骤 "一次发酵"

一次发酵是面包制作过程中最重要的步骤。如果只是追求面团的膨胀程度，增加酵母的用量就可以缩短发酵时间，但是这样做出的面包就不好吃了。用尽量少的酵母慢慢地发酵才能做出美味的面包。

在发酵的过程中，酵母会变得越来越活跃。发酵前半段产生的二氧化碳能让面团膨胀起来，发酵后半段产生的酒精和有机酸是面包的美味之源。此外，在和面阶段形成的面筋也会在发酵的过程中变得更加柔韧。

维持发酵环境

温度28～30℃、湿度60%～75%是面团发酵的理想环境，一般来说家里很难有这样的环境。如果家里的烤箱带有发酵模式，就利用烤箱来发酵。本书利用了保温袋营造适宜的发酵环境（➡p15）。只要能够保证温度和湿度，也可以使用其他方法。

将面团整理成圆形，接缝处朝下放入碗中。在保鲜膜上撒一些手粉，将撒有手粉的那面朝下轻轻地盖在碗上，然后把碗放到温暖的地方进行一次发酵。正如开篇讲的那样，对面团来说，干燥是大敌。如果面团干燥，表皮就会紧绷，面团会膨胀不起来。如果保鲜膜盖得很紧，面团膨胀会受到阻碍，所以一定要轻轻地盖上保鲜膜。

4 "排气"可以使面团恢复活力

将手指戳进面团确认一次发酵是否完成

当面团再次膨胀到初始面团的1.5倍时，一次发酵就完成了。不要只用时间来判断发酵是否完成，也要参考面团膨胀的大小。此外，人们也经常用手指来确认发酵是否完成。食指裹上手粉，然后戳进面团再抽出。如果戳出来的洞能维持现状，就说明面团发酵得比较好；如果洞周围的面有弹回倾向，就说明发酵不足，还要继续发酵一会儿；如果洞塌陷了，就说明发过劲了。

给面团排气的目的是**排除发酵中产生的二氧化碳，让新鲜的空气进入，从而使酵母恢复活力**。与此同时，面团中的气泡也会分布得更均匀。

我们想排出的是二氧化碳，所以要尽量避免带来美味的香气成分和酒精流失。首先应该用双手按压面团排出气体，然后将面团折叠起来防止香气成分和酒精流失，这是排气时最应该注意的。制作不同种类的面包时，排气的强弱也不尽相同。在制作某些种类的面包时甚至不用排气。

在一次发酵中，当面团膨胀到初始大小的1.5倍时就需要排气了。将碗倒扣过来，把面团直接倒在操作台上，然后用双手轻轻按压将面团中的气体排出。

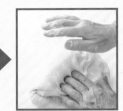

将面团的四边都向内折叠，再次揉圆并放进碗里。排气后，面团会恢复到发酵前的大小。

5 "分割"时一刀可以稍微多切一些

分割面团时，工具接触面团的时间越久，面团就越容易发黏。所以分割时一定要快速、谨慎，不要随便切，要在尽量少的次数内完成分割。此外，由于分割时发酵仍在进行，所以操作不能慢下来。

专业的面包师也很难一刀就切出规定的克数。**切割的秘诀在于先估算分量，然后一刀切出比规定稍多的分量，再把多出的部分切掉**。如果一刀切少了，就还要分几次把不足的量补足，这样面团表面就会不平滑，不利于后面给面团整形。

一次发酵结束后，将装有面团的碗倒扣过来，取出面团，这一步非常重要。此时原本在碗底有褶皱的一面就会变为上面。用双手轻轻按压排气，注意要将有褶皱的一面包裹在面团里，再把面团整理成便于分割的形状。总之，要一直将发酵时比较光滑的那面当作面团的表面。

用刮板将面团分割成比规定分量稍大的面块，再将多余的部分切掉。左边就是分割得较好的例子，如果分割成右边的样子，后面整形就会很困难。将分割好的面块整理成需要的形状，要把面块较光滑的一面露在外面。在方盘里撒上一层薄薄的手粉，将面团有褶皱的一面朝下放置，面团之间要留些间隔。

6 通过"中间松弛"让面团和制作者得以休整

在松弛的过程中，可以让分割好的面团稍微休息一下，同时也可以调整面团的状态。由于受到各种因素的影响，面团每次发酵的状态都不一样。松弛时间也是对之前和面过度、和面不足、发酵过度、发酵不足等问题的调整时间。如果面团的温度很高、发酵时间过长或过短，都可以在这一步得到补救。这正是面包制作的乐趣所在，必须要有一定的经验才能领会。一旦熟练掌握了面包的制作方法，就能充分掌握面团的状态，**请以20分钟为基准适当调整松弛时间。**

将分割好的面团间隔地摆在方盘上，然后轻轻地盖上撒有手粉的保鲜膜，再把面团放到温暖的地方进行松弛。

当面团的弹性（韧性）较大时

 延长松弛时间，等面团松软后再整形

当面团有些软塌（松懈）时

➡ 缩短松弛时间，尽快整形

---

7 "整形"至"最终发酵"阶段仔细观察面团

根据制作面包的种类进行整形，将面团分散着摆在烤盘上或布上，再轻轻地盖上撒有手粉的保鲜膜，然后放到温暖的地方进行最终发酵。

整形期间面团也在继续发酵，所以要尽快完成整形，然后进行最终发酵。当面团膨胀到原来的2倍大时，结束最终发酵。不要只凭时间判断，一定要根据面团的状态来确认发酵是否完成。只要面团中充满了香气成分和酒精的味道，烤出来的面包就会非常美味。

---

8 "烘烤"出热乎乎的面包

将面团放入预热好的烤箱中，预热温度通常与烘烤温度一样，但是有些面包需要高温烘烤，所以预热温度会高于烘烤温度。使用家用烤箱时，在熟练掌握面包的制作技巧之前，一定要按照书上所写，设定好烘烤的温度和时间，然后一边烘烤一边观察面团的状态。面团放入烤箱后，要尽量避免在中途打开烤箱门。因为一旦打开烤箱，烤箱内的温度就会大幅下降，这样不利于烘烤。

不要将刚烤好的面包放在烤盘上，要立即放到冷却架上冷却。我认为刚刚散去余热的面包最好吃，因为在面包还有余温时，里面的水分还没有完全蒸发，面包的香味就不明显。要等面包完全冷却，再装入合适的纸袋或布袋中。

涂抹蛋液，烤出好颜色

为了让面包拥有漂亮的颜色和光泽，有时需要在烤制前将蛋液涂抹在面团上。本书中使用的基本上都是将整个鸡蛋搅匀所得的蛋液，只有在制作各种丹麦面包（➡ p92～99）时，为了让面包的颜色更漂亮，会使用比例为2:1的蛋黄和水混合液。涂抹时，先用毛刷涂一遍，1分钟后等到蛋液干得差不多时，再涂第二遍。这样做的原因是家用烤箱的火力较弱，很难烤出漂亮的颜色，涂2遍蛋液能让烤好的面包颜色鲜亮。刷蛋液的时候一定要轻一些，以免压扁已经膨胀的面团。

本书中用于制作面包的主要材料和工具

材料

【面粉】

高筋面粉

制作需要利用面筋的弹性使面团膨胀的面包时，使用高筋面粉。本书中使用的是Super Camellia牌高筋面粉。

中高筋面粉

制作不需要面筋的延展性太强或弹性太大的面包时，使用中高筋面粉。本书中使用最多的面粉就是rys d'or牌中高筋面粉。

中筋面粉

与中高筋面粉一样，在制作不需要面筋延展性太强的面包时使用。本书中的法式乡村面包和法式简面包就是用中筋面粉制作的。为了更接近法国本土面包的味道和香气，使用由100%法国产小麦制成的Terroir Pur牌中筋面粉。

※ 本书中使用的面粉都是日清制粉生产的产品。

面粉选择指南

本书在每种面包的材料表中都标出了所使用面粉的品牌。如果您想使用其他品牌的面粉，请选择"粗蛋白"和"矿物质"含量相近的产品。粗蛋白含量越高，面筋的弹性就越大，矿物质则会增加面包的风味。

	粗蛋白	矿物质
Super Camellia	11.5%	0.33%
rys d'or	10.7%	0.45%
Terroir Pur	9.5%	0.53%

【即发干酵母】

酵母使用不需要提前发酵的即发干酵母，可以直接拌在面粉里。本书使用的是法国saf-instant红色装酵母。不管是制作无糖的法式面包，还是主食面包，都可以使用这种万用酵母。

【麦芽糖浆】

麦芽糖浆可以增强酵母的活性，也有助于面包烤出漂亮的焦糖色，在制作不需要加糖的硬面包时也可以使用。虽然不加入麦芽糖浆也可以制作面包，但是一般家庭用的烤箱火力都比较弱，很难烤制出漂亮的颜色，如果想让自己烤出的面包的颜色像面包房的那样让人垂涎欲滴，制作的时候最好加入麦芽糖浆。由于麦芽糖浆呈黏性较强的水饴状，为了方便使用，需要先用适量的水使其溶化。

【盐】

加入盐不仅是为了调味，同时还可以起到收缩面团的作用。因为用量非常少，所以没有什么特定的要求，但如果盐受潮，就会很难与面粉混合均匀，所以最好使用干燥的盐。

【砂糖】

砂糖不仅可以增加面包的甜味，也可以促进酵母的活性，同时还有助于面包烤出好看的颜色。砂糖的用量并不多，除了上白糖和细砂糖外，也可以使用三温糖或黄砂糖。总之，使用平时用的砂糖就可以。

【黄油】

加入黄油可以增加面团的延展性，使面团变得湿润顺滑、色泽鲜亮，当然也会提升面包的香味和口感。本书中使用的都是无盐黄油。

【水】

使用自来水就可以。如果净水器可以选择硬水和软水，使用硬水发酵会更稳定。

【烤箱】

本书中的面包都是用家用烤箱烤制的（烤盘的大小为41cm×29cm）。有些烤箱的火力不是很均匀，必要的时候可以在烘烤的过程中改变烤盘的方向，使面团均匀受热。

本书在烘烤法式面包的面团（➡p18～31）、法式乡村面包的面团（➡p102～111）、法式简面包的面团（➡p112～119）时都需要蒸汽，此时可以将装满热水的方盘放入烤箱下方，再预热烤箱，然后将面团直接放入烤箱烘烤。家用烤箱和面包房的专业烤箱最大的差别就在于有无蒸汽功能，这个方法可以让家用烤箱内充满蒸汽。此时需要用搪瓷等耐热性较好的材质制成的方盘。

【操作台】

和面、分割、整形都需要在操作台上完成。如果台面太小，会很难操作，最好准备一个50cm×40cm的操作台。首推木质操作台，如果是在家里做面包，可以在桌子或厨房的台面上铺上亚克力板。如果使用不锈钢或大理石的台面，会让面团冷却，除了制作羊角面包面团时的擀薄黄油片和整形步骤外，最好不要使用。

【碗／方盘】

混合面粉和水以及一次发酵的时候都会用到碗。本书配方中面粉的分量基本上都是500g，所以比较适合使用直径25cm的碗。醒面的时候用方盘会比较方便。在本书中，为了让烤箱内充满蒸汽（详见上文）也会用到方盘。

【温度计／称重计】

测量揉好后的面团温度需要用到温度计。测量速度快且准确的电子温度计使用起来非常便利。称重计用来测量分割后的面团重量，推荐使用电子秤。

【刮板】

分割面团时使用，也可以用来刮掉粘在碗上或操作台上的面屑。

【保温袋】

为了保持面团在一次发酵、松弛和最终发酵时的温度，可以将装蛋糕用的冷藏袋当作"保温"袋使用。保温袋的大小以能够装进碗和方盘为宜。将装有面团的碗或方盘放入袋中，然后将2个装有热水的500mL耐热水瓶平放在旁边保温。

【保鲜膜】

一次发酵、松弛和最终发酵阶段都会用到保鲜膜，将其盖在面团上防止面团表面干燥。在保鲜膜上撒少许手粉，然后将撒有手粉的这面朝下盖在面团上。需要注意的是，如果保鲜膜裹得太紧，就会阻碍面团膨胀，所以一定要轻轻将保鲜膜盖在碗、方盘或烤盘上。也可以将比较厚的塑料袋剪开代替保鲜膜使用。

【烘焙布】

制作某些面包的面团时，整形后需要将面团放到烘焙布上进行最终发酵。结实且布眼小的帆布最合适，用普通的抹布也可以。如果使用布眼大的布，面团容易粘在上面，这时需要先在布上撒上较多的手粉，再放上面团。

【割包刀】

在烘烤小型法棍面包和法国乡村面包前，会用到割包刀。在面团上划开一道切口，烘烤时面团才会按照切割的纹路膨胀，形成一层薄薄的脆皮，这样烤出的面包口感清脆。市面上可以买到面包专用的割包刀，也可以用剃刀的刀片代替。

手粉

在操作台上和面以及整形时，为了防止面团粘附，需要撒些手粉。松弛时使用的方盘里、最终发酵使用的烘焙布上、烘烤前的面团上，也都要撒上手粉。手粉使用与面团相同的面粉即可，如果面团同时使用了高筋面粉和中高筋面粉，那么手粉选择其中一种就可以。手粉用得过多反而不好，一定要适量。

本书的使用方法

为了让大家能够顺利做出美味的面包，下面介绍一下本书的使用方法。

图例是烤好的面包。面包的颜色和质感等都可以参照此照片。每种面包的大小和形状尺寸在制作方法页都有标注。

正文通过主厨的话向读者传达了面包的由来、美味的关键点、主厨的想法、制作的要领和建议以及食用方法等信息。重要的内容都用黄色的马克笔做了标记，阅读时请一定留意这些内容。

此处介绍了材料表、需要特别说明的材料、来自主厨的解释说明等内容。此外，还会注明制作前的必要准备和工具。

此处注明了面包制作的步骤、发酵时间、温度等工序。制作前了解整个流程，有助于在制作的过程中把控各个环节的时间和节奏。

制作方法写在图片下方，阅读可以大致分成3个阶段。首先，看一遍用黄色马克笔划出的标题，了解每一步内容；然后，仔细看标题下方的解说内容；最后，看解说内容下方用有颜色的方框突出的棕色文字，这是主厨的建议和解释说明。一般面包制作的书籍中不会写到的重点这里都有介绍，请务必试着做做看。

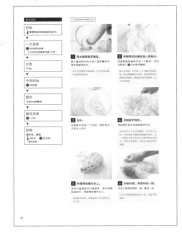
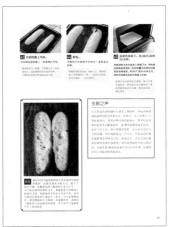

此处介绍了在制作方法中没有总结的内容和更深层的制作理念，以及丰富多变的创意、易被忽视的要点等。

第一章

法式面包的面团

尝试在家里用最简单的材料制作"憧憬的面包"。

主厨说通过法式面包的面团可以看出一个面包房的特色。

藤森主厨用出乎意料的"温柔法"来和面。

制作的第一步从放松肩膀开始。

家用烤箱的大小
更适合烘烤40cm长的小型法棍面包。

小型法棍面包

Petite baguette

仔细照看敏感的面团

法式面包的法语名称是"Pain au Traditonnel"，泛指法国人一直喜爱的传统主食面包。我认为法式面包在法国的地位恰如"米饭"之于日本。用面粉、酵母、水、盐这些简单的材料创造出的法式面包，就像刚焖好的米饭都是每天吃不腻的美味。

材料越简单意味着面团越敏感，也就越容易受到和面方法和温度等因素的影响，因此制作过程中一定要仔细观察面团的状态。

面粉的风味、齿间的口感、酥脆的外皮

我想应该有很多人想在家里烘烤出美味的面包吧！制作法式面包时需要掌握很多要领，为了让大家更容易掌握，我总结出了以下3点：**好的法式面包要体现出面粉的风味，还要拥有柔韧的口感以及酥脆的外皮。**首先，面团的风味需要一段时间的发酵来形成。制作时材料中放入的酵母量要精确，面团要放到适宜发酵的环境中慢慢发酵。其次，要想做出口感柔韧的面包关键在于和面。面筋是面包的骨骼，如果面筋形成过度，会使面团的韧性过大，做出的面包不容易咀嚼。和面时需要抛弃用力和面的固有观点，轻柔地和面即可。最后，为了烤出酥脆的外皮，重点是用高温让面团中的气体迅速膨胀，同时用蒸汽给面团的表面保湿，让外皮能够充分伸展。用最高的温度给烤箱预热，并按照p15介绍的方法让烤箱中充满蒸汽。一切准备就绪就可以做面包啦！

材料
（完成后面团的重量约为850g：小型法棍面包2个、法国培根面包1个、普罗旺斯香草面包1个、法式蘑菇面包2个）

中高筋面粉（rys d'or）…… 500g
即发干酵母………………………… 3g
麦芽糖浆…………………………… 1g
水…………………………………… 335g
盐………………………………… 10g

为了避免面团过于有弹性，应该使用中高筋面粉来制作。使用上述分量的材料能够做出2个小型法棍面包、2个法国培根面包（➡p26）、1个普罗旺斯香草面包（➡p28）、2个法式蘑菇面包（➡p30）。这些面包的制作顺序请参照p25的"主厨之声"。

准备
◉ 在方盘里倒满热水，将方盘放到烤箱的下层，预热。
◉预热温度设定为烤箱的最高温度。

需要特别准备的工具
烘焙布（最终发酵时使用）、托板（将垫板等裁成40cm×15cm）、网筛、割包刀

和面

🌡️ 面团和好后的温度为25℃

▼

 一次发酵

🕐 2小时30分钟

（1小时30分钟➡️排气➡️1小时）

▼

分割

210g

▼

中间松弛

🕐 20分钟

▼

整形

长40cm的棒状

▼

最终发酵

🕐 1小时

▼

烘烤

撒手粉、割包

🌡️ 250℃　🕐 30分钟

（蒸汽状态）

小型法棍面包的制作方法

1 用水稀释麦芽糖浆。

取少量材料中的水加入麦芽糖浆中，用手指搅拌均匀。

由于麦芽糖浆比较黏稠，所以需要提前用水稀释成液体。

2 将稀释后的糖浆倒入面粉中。

把面粉筛到碗里并加入干酵母，同时还要加入**1**中的麦芽糖浆。

暂时不放盐，因为盐一旦与酵母直接接触，就会抑制酵母的活性。原材料简单的面团比较敏感，保险起见要先稍微和一会儿面再加盐。

3 加水。

在面粉中央挖一个浅坑，然后将水一次性注入坑中。

4 用硅胶铲搅拌。

用硅胶铲把水和面粉搅拌均匀。

从注水的中央处开始搅拌，为了防止结块，要迅速将外侧的面粉搅拌进来。这一步骤的主要目的是让水被面粉完全吸收。所以不要揉面，以防止形成过多的面筋。

5 将面倒在操作台上。

等到水被面粉均匀地吸收、部分面粉结成块时，将面倒在操作台上。

形成絮状面块，即便面块干巴巴的也没有关系。

6 开始和面。将面和成一团。

用手大致将面捏到一起，聚成一团。

轻柔并迅速地将面和成一团。注意不要揉面。

7 将面团轻轻摔在台面上。

用指尖捏住面团的两侧，举起后轻摔在操作台上。参考"和面法Ⓐ"（➡ p8）。

虽说是要将面团摔下去，但几乎不需要用力，轻摔在台面上即可。即使不用力，也会形成足够的面筋。

8 将面团对折。

摔完面团后直接将其对折。然后重复 **7**~**8** 的动作。

虽说这是和面的步骤，但也可以将这一步理解为让面粉充分吸水，进而消除面团干燥的部分。

9 注意把握加盐的时机。

在面团不粘台面但却粘手时放入盐。

此时面团大概和到了六成，如果在这之后加盐，由于面筋已经形成，盐会很难混合均匀。

10 摊开面团后，将盐撒在上面。

摊开面团后撒上盐。

11 把盐包裹在面团里。

用面将盐包起来。

这样盐就不会散落在操作台上，方便继续和面。

12 用同一种方法和面。

像 **7**~**8** 那样和面。

让盐扩散至整个面团，与其他材料混合均匀。

13 和到八成时，改变和面方法。

在面团表面变得比较光滑但还粘手时，将和面方法改成"和面法Ⓑ"（➡p9）。

当面团和到八成时，就会变成上述状态。为了强化面筋，要在此时改变和面方法。

14 提起面团。

用一只手捏住靠近身体一侧的面团，将面团提至手肘的高度。

15 将面团轻摔在台面上。

利用手腕甩动的力量将面团轻摔在台面上。

虽然需要用点力，但力度也只是甩手腕的程度。大力和面会使面筋变得过强，做出的面包就会失去法式面包的柔韧感。

p22继续 ▶

16 将面团对折。

如图所示，将面团对折，同时用右手改变面团放置的方向，接着重复 **14** ~ **16** 的动作。当面团不粘手且表面光滑时停止动作。

记住要一边改变面团放置的方向，一边将面和匀。

17 确认面团是否和好。

用双手拉面团的顶端，如果拉到一定程度面才断开，就说明面已经和好了。

制作法式面包不需要将面和得太彻底，以免形成过多面筋。注意当面被拉到快要断开的时候就要停止。

18 将面团整理成漂亮的圆形。

将面团整理成圆形，让表面变得干净光滑。

双手从面团顶部向底部中心捋，将面团整理成圆形。这样面团表面看上去会很漂亮，底部中心则会有褶皱。

19 测量面团的完成温度。

将有褶皱的地方朝下，把面团放到刚才搅拌面粉的碗里。测量面团和好后的温度。

和好的面团最理想的温度是25℃。

20 一次发酵共计用时 2 小时 30 分钟。

在碗上盖上撒有手粉的保鲜膜，将碗放到温暖的地方进行一次发酵，约需2小时30分钟。

为了保证酵母的活性，需要将面团放到温暖潮湿的环境中发酵。

21 发酵到 1 小时 30 分钟时，给面团排气。

发酵至1小时30分钟时，为了给面团排气，需要将碗倒扣过来倒出面团。

观察碗的底部，可以看到面团中有些许气泡产生。这是因为面团发酵过程中产生了二氧化碳，说明面团发酵得较好。

22 将面团倒在操作台上。

将碗中的面团倒在操作台上，让碗底的部分朝上，然后给面团排气。

此时面团正在持续产生给面包带来香气的重要物质，排气时一定要闻一闻面团的香气。要注意技巧，不要让香气流失。

23 排气。

接着将面团对折，把本来在碗底的部分包裹起来，然后用双手轻轻地按压面团，排出气体。

法式面包的面团非常敏感，所以排气时一定要格外仔细。

24 整理成漂亮的圆形。

将面团整理成表面光滑的圆形。

既要给面团适度排气，也要防止面包中的香气成分和酒精流失，所以在排气后要立刻将面团聚拢并整理成圆形。

25 继续发酵 1 小时。

把面团有褶皱的一面朝下放回碗里，然后将保鲜膜轻轻盖在碗上，继续发酵1小时。

此时，面团中的气体已经被排尽，面团恢复至发酵前的大小。

26 一次发酵结束。

一次发酵结束。

当面团膨胀至发酵前的1.5倍大时，结束一次发酵。

27 用手指检查面团的发酵状态。

将裹上手粉的食指戳进面团并迅速拔出。

检查面团发酵状态是否良好。

28 若戳出的洞维持现状则发酵较好。

如果手指戳出的洞维持现状，就说明发酵状态较好。

如果洞呈复原的状态，则说明发酵得不够，需要稍微延长发酵时间；如果洞塌陷下去，则说明发酵过度。

29 对折面团并轻轻排气。

把碗倒扣过来，将面团倒在操作台上。然后对折面团，让较光滑的部分露在外面，一边整理面团的形状，一边用双手轻轻按压，适度排气。

30 将面团整理成便于分割的形状。

为了方便分割，将面团大致整理成枕头的形状。

处理面团时，手的动作要轻柔。不要按压过度，以防排气过多。

31 将面团分割成 210g 的小份。

用刮板从面团边缘开始切，分割出2块210g的面块，用电子秤称重。

从剩下的面团中分割出2块120g的面块，分别用于制作法国培根面包和普罗旺斯香草面包；再分割出2块70g的面块用于制作法式蘑菇面包，分割后剩下的面团也用来制作法式蘑菇面包。

32 将面块整理成枕头形。

轻轻地卷起面团，让比较光滑的一面露在外面，再将面团大致整理成枕头形。

为了避免在后面的整形阶段过多地摆弄面团，要提前把面团整理成型。

33 中间松弛的时间为 20 分钟。

在方盘里撒上一层薄薄的手粉，把面团放在上面。再将撒有手粉的保鲜膜轻轻地盖在方盘上，然后放到温暖的地方松弛20分钟左右。

由于在松弛的过程中，面团也会继续膨胀，所以面团之间要留出一定的间隔。

p24继续 ▶ 23

34 中间松弛结束。

中间松弛结束。图中左前方的2块是制作小型法棍面包的面团。后方并排放的2块面团分别用于制作法国培根面包和普罗旺斯香草面包。右边中间的2块面团用于制作法式蘑菇面包，右前方剩余的面团用于制作法式蘑菇面包上面的装饰部分。

35 整形，用手按压排气。

将面团上下颠倒放在操作台上，双手轻压面团，适度排气。

> 一边排气，一边将面团整理成椭圆形。将分割后面团比较光滑的一面朝下，最终完成时这一面就会成为面包的表面。

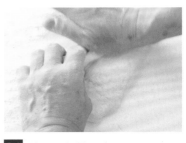

36 将面团折叠2次。

将对侧1/3的面团向面前侧折叠，用右手手掌拍打面团，压紧接缝处。面前侧的面团也用同样的方法折叠，压紧接缝处。

> 接缝一定要压紧。

37 将面团对折。

将面团向内对折。

38 将接缝处的面团向里塞紧。

一边用左手大拇指将接缝处的面团往里塞，一边用右手手掌按压接缝处，使接缝处粘在一起。

> 这部分会成为面团的中心，如没有将接缝处往里塞，那么之后39～40整形出的面棒就会较松软。

39 用双手将面团揉搓成棒状。

将两手手掌放在面团的中央，分别向左右两端揉搓，将面团搓成棒状。

> 不要用力，轻轻揉搓即可。

40 将面团揉搓成40cm长的棒状。

将面团揉搓到40cm长即可。

> 如果面团在中间松弛时得到充分休整，就更容易揉搓成细长状。

41 最终发酵时间为1小时。

将烘焙布铺开并撒上手粉，放上40中搓好的面团接缝朝下，如图所示将布隆起隔开面团。将撒有手粉的保鲜膜轻轻盖在面团上，以免保鲜膜直接接触面团，最终发酵时间为1小时。

> 隆起的烘焙布具有一定的支撑作用，可以防止发酵过程中面团塌陷。

42 最终发酵结束后，将面团移到烤盘上。

用托板将面团移到烤盘上，接缝处朝下放置并保持面团平直。

> 当面团膨胀到初始大小的1.5倍时，最终发酵结束。把烘焙布上的面团放到托板上，然后如图所示，将面团直接从托板上滚放到烤盘上。

43 给面团撒上手粉。

用网筛给面团撒上一层薄薄的手粉。

撒面粉是为了装饰，不要撒太多。烤制完成后，这些面粉还是会保持原样，一旦撒得过多就会影响面包的口感。

44 割包。

用割包刀在面团中央割出一道笔直的割痕。

割痕的深度在2mm～3mm。割的时候刀刃要横向上一些，一边用左手轻轻按压住面团，一边径直割下。

45 在蒸汽状态下，用250℃烘烤30分钟。

将装满热水的方盘放入烤箱下方，用烤箱的最高温度预热。然后将**44**中处理好的面团放到烤箱里，用250℃烤30分钟左右。烤好后将面包放在冷却架上冷却。

在蒸汽充足的状态下烘烤，割口会漂亮地裂开，面团也会充分地延展。烤好的面包表皮不仅薄，而且有光泽、颜色漂亮。

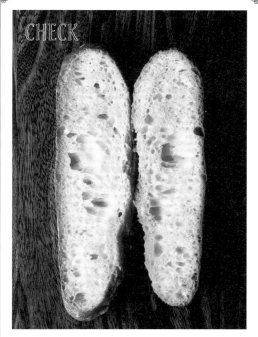

CHECK

断面 面包中的气泡是烘烤时水分从面团中蒸发形成的。也就是说水分流失后，留下了这些空洞。法棍面包里气泡的特点是大小不一。为了防止面团的弹性过大，和面和排气时都用了较轻的力度，致使面团中的水分分布不均，而水分蒸发后形成的气泡也不一样大。与专业烤箱相比，家用烤箱的火力较弱，在家制作时，面团向上膨胀的力量也就相对较弱，所以很多气泡都集中在了面包底部。

主厨之声

法式面包的面团做好后就要立即烘烤，500g面粉揉成的面团用家用烤箱无法一次烤完。可以先烤2个小型法棍面包，接着再烤法国培根面包、普罗旺斯香草面包和法式蘑菇面包。这3种面包既有扁平状的，也有个头小的，所以稍微多发酵一会儿也不会有太大的问题。到中间松弛这一步为止，所有面包的制作流程都是同时进行的。松弛过后，首先完成法棍面包面团的整形和烘烤，然后利用制作中的空闲时间，完成其他3种面包的整形及以后的步骤，法棍烤好后立刻接着烤其他面包。

法国培根面包
Épi au lard

Épi在法语中有"麦穗"的意思。整形的步骤和制作小型法棍面包一样，要将面团揉搓成棒状，然后用剪刀将面团等间距剪开，再左右交错地拉开就形成了麦穗状。剪的时候要尽量放平剪刀，**让剪刀与面团呈30°**，**深度最好至面团厚度的一半**，这样剪出的形状会比较漂亮。虽然不放培根也很好吃，但是包入一片培根的面包更受欢迎，下面将介绍这款面包的具体做法。

材料（1个的量）

小型法棍面包的面团（➡p18）

………………………… 120g

培根……………………… 1片

从"小型法棍面包"的面团中分割出120g。

准备

◉ 在方盘里倒满热水，将方盘放入烤箱下方，预热烤箱。

◉ 将预热温度设定为烤箱的最高温度。

需要特别准备的工具

烘焙布（最终发酵时使用）、托板（将垫板等裁成40cm×15cm）、剪刀

制作流程

▼和面	🌡️ 面团和好后的温度为25℃
▼一次发酵	⏱️ 2小时30分钟 （1小时30分钟➡排气➡1小时）
▼分割	120g
▼中间松弛	⏱️ 20分钟
▼整形	在面团里包入培根，将面团揉成25cm长的棒状
▼最终发酵	⏱️ 1小时
▼整形	用剪刀将面团剪成麦穗状
▼烘烤	🌡️ 250℃ ⏱️ 25分钟 （蒸汽状态）

制作方法

1 从和面到中间松弛的步骤与"小型法棍面包"（➡p18）**1**～**34**相同。

2 一边轻拍排气，一边将面团整理成椭圆形。将对侧1/3的面团向面前侧折叠，用右手手掌拍打面团，压紧接缝处。面前侧的面团也用同样的方法折叠，压紧接缝处。需要注意的是，整形后的面团要比培根稍大一些。

3 将培根放在**2**中的面团上（ **a** ），用对侧的面团包住培根，然后用右手手掌将接缝处仔细按压紧实，再将面团揉搓成25cm长的棒状。

4 将**3**中的面团放到撒有手粉的烘焙布上，把面团两边的布隆起来。用撒有手粉的保鲜膜轻轻盖住面团，然后放到温暖的地方进行最终发酵，大约需要1小时。

5 利用托板将面团移到烤盘上。用沾水的剪刀在面团上均等地剪5刀（ **b** ），注意不要剪到底，每剪完一刀就从切口处左右交错地拉开面团，让面团呈麦穗状（ **c** ）。

6 在事前准备中，已经把装满热水的方盘放到烤箱下方并预热了烤箱，此时直接将**5**放到烤箱中，用250℃烤25分钟左右即可。再将烤好的面包放到冷却架上冷却。

将一整片培根放到面团上，先用面团包住培根，再将面团整理成棒状，然后揉搓至25cm长。

剪的时候要尽量放平剪刀，让剪刀与面团呈30°，剪入的深度为面团厚度的一半，一定要剪断培根。再从剪断处将剪开的面团左右交错地拉开。

这样就形成了麦穗状。

普罗旺斯香草面包

Fougasse aux olives

　　普罗旺斯香草面包是法国南部常见的面包。面包的形状与欧洲举行的盛大节日有关，据说其来源便是二月狂欢节时人们佩戴的"面具"。这是一款很有南法风格的面包，**由于烘烤时在面包表面涂抹了橄榄油，所以面包表皮口感清脆。**在面包表面划几道割口，面团就不会膨胀起来，烤好的面包形状扁平、质地紧实、口感湿润。这款面包的整形比较简单，也不用担心面团膨胀与否，刚开始学习制作面包的人也可以轻松挑战。

材料（1个的量）

小型法棍面包的面团（➡p18）

‥‥‥‥‥‥‥‥‥‥‥‥‥ 120g

绿橄榄（去核）‥‥‥‥‥‥‥ 20g

EV橄榄油 ‥‥‥‥‥‥‥‥‥ 适量

> 从"小型法棍面包"的面团中分割出120g。

准备

◉ 将盛满热水的方盘放入烤箱下方，预热烤箱。

◉ 将预热温度设定为烤箱的最高温度。

◉ 将绿橄榄大致切碎。

需要特别准备的工具

擀面杖、毛刷

制作流程

▼和面	🌡 面团和好后的温度为25℃
▼一次发酵	🕐 2小时30分钟 （1小时30分钟➡排气➡1小时）
▼分割	120g
▼中间松弛	🕐 20分钟
▼整形	◉ 将面团擀圆，放上橄榄，对折 ◉ 用刮板在面团上划几道
▼最终发酵	🕐 1小时
▼烘烤	给面团涂上EV橄榄油 🌡 230℃ 🕐 20分钟 （蒸汽状态）

制作方法

1 从和面到分割的步骤与"小型法棍面包"（➡p18）**1**~**31**相同。将分割好的面团滚圆，和其他面团一起放入撒有一层薄薄的手粉的方盘里，再轻轻地盖上撒有手粉的保鲜膜，然后放到温暖的地方松弛20分钟左右。

2 用擀面杖将面团擀成直径约为18cm的面饼（**a**）。

3 将切碎的绿橄榄放到面饼的半边，再用毛刷在面饼的边缘涂些水（分量外）（**b**）。

4 将面饼对折，把边缘接缝处压紧实。

5 将面饼移到烤盘上。用手指按压面饼，使其稍稍延展一些。用刮板在面饼上竖着切一道切口（**c**），在切口两侧各切入两道切口，稍微撑开切口，整形。

6 将撒有手粉的保鲜膜轻轻地盖在烤盘上，将烤盘放到温暖的地方进行最终发酵，约需1小时。

7 将装满热水的方盘放到烤箱下方，用烤箱的最高温预热。用毛刷将橄榄油涂到面饼表面，然后将面饼放到烤箱中，用230℃烤20分钟左右。将烤好的面包放到冷却架上冷却。

擀面饼的同时也可以将面团中的气体排出。烤好的面包形状扁平，所以大量排气也没有关系。

放上切碎的绿橄榄，用毛刷沿着面饼的边缘刷些水，这样边缘就更容易粘在一起，然后将面饼对折。

用刮板竖着切一道切口，再在切口两侧各切入两道切口。具体切法没有明确规定，您可以自己想象一下狂欢节时人们戴着的面具。

法式蘑菇面包

Champignon

　　这款面包的造型像法国人非常喜欢的蘑菇。**底部的面包又圆又松软，上面的伞状部分又薄又脆。**一个面包具有2种不同的口感，也只有爱吃的法国人才能想得出这种面包的做法。整形时先从擀薄的面皮上取下圆形面饼，再放到滚圆的面团上。最终发酵的关键在于将伞状部分朝下放置，在面团重力的作用下，伞状部分就会变薄变平。烘烤的时候再倒过来放，烤好的伞状部分才会又薄又脆。

材料（2个的量）

小型法棍面包的面团（➡p18）

.... 70g × 2个

从"小型法棍面包"的面团中分割出2个70g的面团。

准备

◉ 在方盘里倒满热水，将方盘放入烤箱下方，预热烤箱。

◉ 将预热温度设定为烤箱的最高温度。

需要特别准备的工具

擀面杖、直径为5cm的圆形切模、烘焙布（最终发酵时使用）

制作流程

▼和面　🌡️ 面团和好后的温度为25℃

▼一次发酵　🕐 2小时30分钟
（1小时30分钟➡排气➡1小时）

▼分割　70g

▼中间松弛　🕐 20分钟

▼整形
◉ 圆形面团（底部）
◉ 从剩下的面中取出直径5cm的圆形面饼（顶部）
◉ 将顶部的面饼放到底部的面团上

▼最终发酵　🕐 1小时

▼烘烤　🌡️ 250℃　🕐 25分钟
（蒸汽状态）

制作方法

1 从和面到分割的步骤与"小型法棍面包"（➡p18）**1** ~ **31** 相同。将分割好的面团滚圆，和其他面团一起放入撒有一层薄薄的手粉的方盘里，再轻轻地盖上撒有手粉的保鲜膜，然后放到温暖的地方松弛20分钟左右。剩下少量的面块也要一起放到方盘里松弛。

2 将面团滚圆（**a**），作为面包的底部。

3 用擀面杖将剩下的面块尽量擀薄，再用直径5cm的圆形切模从中取出2片圆形面饼（**b**），作为面包的顶部。

4 将**3**中的面饼放到**2**的面团上，用裹着手粉的食指从面饼中心戳下去（**c**）。

5 在烘焙布上撒些手粉，将**4**上下颠倒放在上面，把面团周围的布隆起来（**d**），再轻轻地盖上撒有手粉的保鲜膜，然后将面团放到温暖的地方进行最终发酵，约需1小时。

6 再次将面团上下颠倒放到烤盘上。将装满热水的方盘放到烤箱下方，用烤箱的最高温预热。放入面团用250℃烤25分钟左右，然后将烤好的面包放到冷却架上冷却。

主厨之声

滚圆面团时，先用右手小拇指和大拇指的指肚贴住面团的侧面，然后逆时针转动面团，收紧面团底部。最后用手掌轻轻贴住面团的上部，同样逆时针转动，使面团的表面光滑。

将面团滚圆。此操作可在手掌或操作台上进行。

为了烤出香脆的面包顶部，要将面皮擀薄。用擀面杖向各个方向擀，烘烤时面饼才不会收缩。

用图上的动作使上面的面饼和下面的面团粘在一起。指尖碰到操作台就可以抽出手指了。

最终发酵时将面团上下颠倒放置，这样面团的顶部才会扁平。烘烤时再将面团翻转过来。

法棍三明治

Casse-croûte

  用法棍面包制作的三明治被称为"法棍三明治"。制作时要使用1个p18的小型法棍面包，或者将买来的长法棍面包切半。夹馅可以根据自己的喜好加放，下图中的法棍三明治是我店里最受欢迎的3款。法棍三明治中是否放蔬菜是一个令人困扰的问题。**由于放上生菜等蔬菜会使法棍变湿，所以传统的法棍三明治一般不放蔬菜。**如果不是立刻就吃，最好不要加容易出水的蔬菜，这样可以让面包的美味更持久。

卡芒贝尔奶酪火腿三明治（图片上方）

材料（半个法棍面包的量）

法棍面包····················	1/2个
芥末黄油（做法参照下方）···	适量

⬡夹馅

卡芒贝尔奶酪	
5mm厚切成4片	
烟熏火腿··············	大的1/2片
黑胡椒（粗磨）··········	适量

制作方法

1 法棍面包横切两半。

2 将芥末黄油均匀地涂满切面。

3 放上卡芒贝尔奶酪和熏火腿，撒上黑胡椒，用两片面包夹住夹馅即可。

尼斯三明治（图片中央）

材料（半个法棍面包的量）

法棍面包····················	1/2个
EV橄榄油	适量

⬡夹馅

绿色菜叶··············	1片
半干番茄··············	1/2个
腌制凤尾鱼·············	1/4条
黑橄榄、绿橄榄（去核）···	各1个

准备

◎ 将半干番茄放入橄榄油（分量外）中泡软。

制作方法

1 绿色菜叶切丝。橄榄切成薄片。

2 法棍面包横切两半。

3 将橄榄油均匀地涂满切面，放上菜叶，夹入半干番茄、凤尾鱼和橄榄即可。

生火腿三明治（图片下方）

材料（半个法棍面包的量）

法棍面包····················	1/2个
黄油（不含食盐）··········	适量
生火腿················	大的1片

制作方法

1 法棍面包横切两半。

2 将黄油均匀地涂满切面，夹入生火腿即可。

芥末黄油

材料（做好后大约有2½大勺的量）与制作方法

用打蛋器搅拌20g的黄油（不含食盐），直至黄油变成柔软的糊状，然后加入2小勺颗粒芥末酱，搅拌均匀。

法式吐司

Pain perdu

如果有吃剩下的法式面包，可以把面包放到蛋味浓郁的蛋奶液中充分浸泡，然后做成法式吐司。**重点是，要在浸过蛋奶液的面包表面涂上一层杏仁奶油**（almond cream），这样做出的法式吐司才会拥有令人意外的醇厚味道。如果觉得准备杏仁奶油太麻烦，工作日时便可以做不涂杏仕奶油的法式吐司，周末再做涂上杏仁奶油的法式吐司，享受一下奢侈的味道，您觉得如何呢？

材料（6个的量）

小型法棍面包……………… 1½个

◯蛋奶液

牛奶……………………… 250g
鸡蛋……………………… 1/2个
蛋黄……………………… 1½个份
砂糖……………………… 60g
香草精…………………… 少量

杏仁奶油（参考右侧）…… 适量
糖粉……………………… 适量

> 如果是买来的法棍面包，用1/2个就够了。

需要特别准备的工具

抹刀、网筛

制作方法

1 把法棍面包切成10cm长的小段，每段再横切两半（**a**），总计6片。

2 将牛奶放入锅中煮沸，关火冷却。

3 将鸡蛋和蛋黄放入碗中，用打蛋器搅拌均匀，加入砂糖并搅拌至砂糖溶化。倒入**2**中的牛奶混合，接着加入香草精搅拌。过滤混合好的蛋奶液。

4 当**3**中的蛋奶液的温度和人的体温差不多时，把**1**中的面包浸到里面（**b**）。

5 将方盘放到冷却架上，再将**4**中的面包放到盘子里冷却几分钟，同时控掉多余的蛋奶液。

6 用抹刀在**5**中的面包上薄薄地涂上一层杏仁奶油（**c**）。

7 将**6**放入烤箱中，用180℃烘烤15分钟左右（**d**）。面包变凉后，用网筛撒上适量糖粉。

> 将面包切两半是为了让面包充分吸收蛋奶液。与刚烤好的法棍面包相比，放置1～2天的面包比较干，更容易吸收蛋奶液，因此更适合用来做法式吐司。

> 关键是蛋奶液的温度要和人的体温差不多。过凉的蛋奶液不容易被面包吸收，而过热的蛋奶液会让面包膨胀、变软。

> 抹上一层薄薄的杏仁奶油，面包的味道立刻就变得醇厚了。

> 烤至面包上的杏仁奶油变干、变金黄即可。最后用网筛撒上一层糖粉，撒之前在面包上放一把叉子，就会出现可爱的叉子图案。

特别课堂

杏仁奶油

Crème d'amandes

将杏仁奶油涂在面包上，杏仁醇厚的香味会让面包更加美味。制作法式吐司（➡p34）、法式杏仁奶油烤吐司（➡p76）、风车面包（➡p93）、杏仁奶油羊角面包和红豆羊角面包（➡p100）时，都会用到杏仁奶油。

材料（做好后约400g。容易做的分量）

黄油（不含食盐）……… 100g
砂糖……………………… 100g
杏仁粉（杏仁去皮）…… 100g
鸡蛋……………………… 1½个
低筋面粉………………… 15g
朗姆酒（黑朗姆）……… 少量

准备

◉ 将黄油放在室温下软化。
◉ 将杏仁粉和低筋面粉分别过筛。

制作方法

1 将黄油放到碗里用打蛋器搅拌成奶油状，加入砂糖搅拌至顺滑。

2 加入杏仁粉并搅拌。

3 搅匀鸡蛋，将蛋液一点点地倒入**2**中，一边倒一边搅拌。

> 刚加入蛋液时，蛋液就像被分离一样无法融入整体中，但若继续搅拌，就会变得顺滑。为了避免混合不均匀，可以分4～5次加入蛋液。

4 加入低筋面粉混合，倒入朗姆酒搅拌均匀。

> 杏仁奶油放入冰箱可以保存4～5天，但随着时间的推移，杏仁的香味会变淡，所以最好尽早用完。使用前用木铲搅拌一下，奶油便会恢复柔软。

面包房的基础奶油

不论是面包房，还是蛋糕店都不能少了卡什达奶油酱。只须将奶油酱填入面包中或直接涂在面包上，就可以丰富面包的种类。

卡什达奶油酱
Crème pâtissière

卡什达奶油酱与面包本身的味道相近，且带有淡淡的香草味。本书中制作樱桃丹麦面包（➡p94）、洋梨丹麦面包（➡p98）时，都会用到这款奶油酱。刚刚散去余热的卡什达奶油酱蛋香浓郁、口感黏稠，除了炎热的夏天，最好不要等冰箱里的卡什达奶油酱完全冷却才使用。使用时需要用打蛋器或硅胶铲搅拌均匀，让奶油酱恢复顺滑的状态。

材料（做好后约440g。容易做的分量）

材料	分量
牛奶	250g
砂糖	65g
香草荚	1/4根
Ⓐ 鸡蛋	1个
Ⓐ 蛋黄	2个份
低筋面粉	20g
黄油（不含食盐）	5g

准备

◎ 将低筋面粉过筛。
◎ 将香草荚的豆荚纵向切开，刮出里面的香草籽。

1 将牛奶倒入锅中，加入1/3的砂糖、香草籽、豆荚后煮沸。在煮牛奶时，将Ⓐ倒入碗中用打蛋器搅拌均匀，再将低筋面粉和剩下的砂糖放到碗里搅拌均匀。

为了防止牛奶变质，需要将牛奶煮沸。

2 将煮沸的牛奶倒入 **1** 的碗中，一边倒一边搅拌。

将煮沸的牛奶倒入蛋液中，高温可能会导致蛋液凝固，所以倒牛奶的时候要不停地用打蛋器搅拌。

3 将 **2** 倒入锅中并用中火加热，此时也要不停地用打蛋器搅拌。

4 加热至微微浓稠即可关火，将锅中的液体过筛。

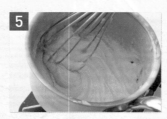

5 将 **4** 倒回锅中，用中火再次加热并用打蛋器搅拌至黏稠，当感觉搅拌的阻力变小时关火。

刚开始搅拌的时候，手能够感觉到阻力。若不停地搅拌，就会突然变轻松，锅中的奶油酱也会变得有光泽，此时就可以关火了。

6 关火后立刻将锅中的奶油酱倒入碗中，放入黄油，化开的黄油会盖住奶油酱的表面，直接放置冷却即可。

黄油在奶油酱表面形成的薄膜可以防止奶油酱变干。如果直接在奶油酱上覆盖保鲜膜，揭下保鲜膜时会看到上面有一层水，说明奶油酱中的水分流失了，所以很久以前人们就开始利用黄油保存奶油酱。放入冰箱冷藏可保存至第二天。

第二章

主食面包的面团

藤森主厨做的主食面包味道微甜，

因而颇受人们喜爱。

直接吃或者做成吐司、三明治都非常美味，令人百吃不厌。

只要掌握基础面团的做法就可以做出各种类型的面包，

可以说是非常实用的面团。

面包中含有牛奶、鸡蛋和炼乳，味道微甜而醇厚。
这种面团除了可以做主食面包外，还可以做很多种不同的面包。

砖形面包

Pain de mie

日本人特别喜欢的微甜面团

由于面团中加入了牛奶、鸡蛋和炼乳，所以带有淡淡的奶香，醇厚中透着丝丝的甜味。面粉使用的是中高筋面粉，而非高筋面粉，这样做出来的面包质地柔软，口感绵密。实际上，这种面团并不是主食面包专用的面团，以此面团为基础还可以制作法式牛奶面包（➡p50）、巧克力夏威夷果面包（➡p52）、石块面包（➡p54）。

面包房一般会摆放几十种面包供顾客挑选，但实际上制成这些面包的面团并没有这么多种。只须对某种面团中间的工序做些变化，如改变形状、馅料、装饰等，就可以做出种类丰富的面包，顾客也不会吃腻。

可见像这种应用范围广泛的面团都非常实用。用这种面团在家里也可以做出很多种不同的面包，大家一定要熟练掌握。

砖形面包的质地细腻、口感湿润

下面就开始制作砖形面包吧。

砖形面包就是长方形的面包，**烘烤时的关键是要在面包模具上盖上盖子。将面团放在密闭的模具中，这样在烘烤的过程中，面团向模具四周膨胀就会受到限制，从而使面包的质地绵密紧实。面团中的水分也因无法蒸发而留在面团里，所以烤出的面包口感湿润且柔软。以上就是砖形面包的特点。**

砖形面包和山形面包被称为法国主食面包的双璧，山形面包的特点请参考p44。

材料（2个的量）

中高筋面粉（rys d'or）······ 500g
即发干酵母·················· 5g
砂糖······················· 60g
盐························· 10g
┌ 鸡蛋······················ 1个
│ 牛奶（加上鸡蛋的重量）··· 300g
└ 炼乳······················ 25g
黄油（不含食盐）·············· 60g

炼乳会让面团更加细腻顺滑，也可以用等量的可尔必思®（一种乳酸菌饮料）代替。

准备

⦿ 黄油放在室温下，软化至用手指压下去黄油会马上凹陷的程度(如果是夏天，和面时黄油就会变软，所以不用在室温下软化，直接用手将冷黄油捏碎软化即可)。

⦿ 给模具涂上一层薄薄的油脂（黄油或市面上出售的烘焙脱模油等）。

需要特别准备的工具

顶部尺寸9.5cm×19.5cm、高9.5cm的方形面包模具2个

砖形面包的制作方法

和面
🌡 面团和好后的温度为25℃

▼

一次发酵
🕐 1小时30分钟
（1小时➡排气➡30分钟）

▼

分割
240g

▼

中间松弛
🕐 20分钟

▼

整形
◉ 整形成40cm长的棒状
◉ 将2条面棒编在一起并放到模具中

▼

最终发酵
🕐 1小时

▼

烘烤
🌡 200℃　🕐 30分钟

1 将面粉和酵母等食材倒入碗中。

将面粉筛入碗中，加入干酵母、砂糖和盐，然后用硅胶铲搅拌均匀。

> 将所有材料混合均匀。

2 用另一个碗混合鸡蛋、牛奶和炼乳。

将鸡蛋、牛奶和炼乳放到另一个碗里，用打蛋器搅拌均匀。

> 这一步也需要混合均匀。

3 将蛋奶液倒入面粉中搅拌。

将**1**中面粉的中央处稍稍弄凹，倒入**2**中的蛋奶液并用硅胶铲搅拌。

> 倒入蛋奶液后，从中间的凹陷处开始向外搅拌，搅拌速度要快，以防止出现面疙瘩。搅拌的主要目的是让水分被面粉完全吸收。

4 将面屑放到操作台上。

当水分被面粉完全吸收且一部分面粉开始结块时，将面屑倒在操作台上。

> 此时面屑不成形也没有关系。

5 和面，将面屑拢成一团。

先将面屑拢成一团。

> 一边用两手轻轻按压面屑，一边将它们拢在一起，直到面屑聚成一团。

6 将面团轻轻摔在台面上。

用两手的指尖捏住面团的两侧，然后将面团轻轻摔在台面上。详细请参照"和面法Ⓐ"（➡p8）。

> 因为现在面团还很粘手，所以要先用指尖捏住面团的两侧。

7 将面团向前对折。

摔下面团后顺势向前对折面团。

将面团提至手肘的高度后摔下，整个过程不要刻意用力，运用甩腕的力量即可。

8 一边变换面团朝向一边和面。

再次拿起面团时改变面团的朝向，重复**6**~**8**的动作。

9 面和至五六成。

和至面团完全不粘台面即可。此时面团的纹理还比较粗糙，用双手拉面团的边缘，面团会立刻断开。

此时需要把黄油加入面团中。如果再继续和面，面团的韧劲就会变强，黄油就很难混合到面团里了。

10 展开面团，放上黄油。

展开面团，把撕成适当大小的黄油放在上面。

将黄油软化到用手指按压一下就会立刻凹陷的程度。此外，黄油的温度要比面团低2~3℃，这样和面时黄油才不容易软化。

11 将黄油完全压碎。

将黄油裹在面团里，向各个方向挤压黄油。

让黄油均匀地分布在面团中。

12 继续和面。

用**6**~**8**的动作继续和面。

在黄油完全融入面团之前，面团的黏性较大，既粘手也粘台面。为了尽量避免手上粘太多面屑，要用手指捏住面团，这样也可以防止面团温度升高。

13 改变和面方法。

当面团表面变得比较光滑且不再粘台面时，改用"和面法**B**"（➡p9）和面。

面和到八成时，改变和面方法，从这步开始逐渐增强面筋的韧性。

14 检查面团是否和好。

在面团不再粘手、表面也变得光滑且有光泽时，停止和面。用双手拉面团的边缘，如果面团能被拉薄且表面光滑有弹性，就说明面和好了。测量面团的温度。

和好的面团理想温度为25℃。

15 一次发酵共用时1小时30分钟。

将面团整理成圆形让表面变得光滑。把面团带褶皱的一面朝下放回和面的碗中，然后轻轻地盖上撒有手粉的保鲜膜。将碗放到温暖的地方进行一次发酵，约需1小时30分钟。

p42继续 ▶

16 经过 1 小时的发酵后，给面团排气。

经过1小时的发酵，面团会膨胀到原来的1.5倍大，这时需要给面团排气。

17 将面团放到操作台上排气。

将碗倒扣在操作台上并倒出面团。直接用两手按压面团排出气体。

排气时，要用适当的力度按压面团。发酵过程中不仅产生了二氧化碳，还产生了香气成分，所以不能用力按压面团，以免香气成分流失。

18 继续发酵 30 分钟。

将双手按压的一面包入面团内侧，将面团整理成圆形并让表面变得光滑。将面团带褶皱的一面朝下放回碗里，轻轻地盖上保鲜膜，继续发酵30分钟左右。

19 结束一次发酵。

当面团重新膨胀到发酵前的1.5倍大时，结束一次发酵。

不能仅凭时间判断发酵是否完成，还要观察面团的大小。将裹上手粉的食指戳进面团并迅速拔出，如果戳出的洞能够维持现状，就说明发酵状态较好。

20 将面团分割成 240g 的小份。

将碗倒扣过来倒出面团。轻轻按压面团排气，抚平表面。用刮板将面团分割成4个240g的小面团。

2个小面团可以做1个主食面包。参照 **29** 将2根面棒编在一起，然后整形。

21 将面团整理成圆形。

将面团整理成圆形。

将面团整理成圆形并让表面变得光滑。

22 中间松弛用时 20 分钟。

在方盘中撒一层薄薄的手粉，将面团有间隔地摆在里面，轻轻地盖上撒有手粉的保鲜膜，然后将方盘放到温暖的地方松弛20分钟左右。

23 中间松弛结束。

在中间松弛的过程中，面团会略微膨胀。

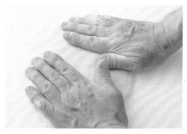

24 整形、排气。

将面团上下颠倒放在操作台上，双手稍用力按压出面团中的气体，同时将面团压成椭圆形。

将面团比较光滑的一面朝下放置，这样整形后光滑的一面就会成为面团的表面。

25 从对侧 1/3 处向内折叠。

将对侧1/3的面团向面前侧折叠，用右手手掌拍打面团，压紧接缝处。

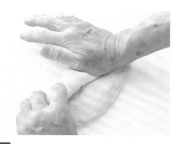

26 继续折叠 1/3。

保持**25**的状态，继续将对侧1/3的面团向面前侧折叠，同样用右手手掌拍打面团，压紧接缝处。

27 对折面团，制作面包芯。

将对侧面团向面前侧对折，对折时一边用左手的大拇指将接缝处往里塞，一边用右手手掌按压，使接缝处粘在一起。

接缝处会成为面包芯，所以整形时一定要将其按入面团内部。

28 将面团揉搓成 40cm 长的棒状。

将面团的接缝处朝下放置，两手从中央向左右两端搓动面团，搓成40cm长的棒状。

29 将 2 根面棒交叉放置。

如图所示，将2根面棒交叉放置。

30 将面棒编在一起。

从交叉处将2根面棒编在一起。

操作时要让面棒均匀受力，排出等量的气体，这样面团中的气孔才能分布均匀。

31 压紧两端。

编好后，将面棒的两端按压紧实。

32 将面团放入模具进行 1 小时的最终发酵。

将面团放入模具后盖上盖子，然后放到温暖的地方进行最终发酵。

编好的面团要比模具稍长一些，轻压面团便可以轻松放入模具中。若温度超过30℃，黄油就会化开，所以一定要掌握好发酵温度。

33 最终发酵结束，开始烘烤。

打开盖子确认面团的膨胀程度，发酵完成时的面团体积应占模具的八成。确认完毕后盖上盖子，将模具放入200℃的烤箱中烤30分钟左右。烘烤完成后立刻将模具轻轻地"摔"在操作台上，这样做的目的是快速排出面包中的水蒸气。然后取出面包放到冷却架上冷却。

由于烘烤时模具没有盖盖子，所以与砖形面包相比，
山形面包的面团能够更好地膨胀，口感也更轻盈。

山形面包

Pain de mie anglais

轻盈的山形面包

即便是相同的面团，**由于整形方法不同，烤制出的面包的口感也会发生变化，**这正是面包制作的有趣之处。最能体现这一点的就是主食面包中的"砖形面包"和"山形面包"。

在p38已经提到过，烘烤砖形面包时要在模具上盖上盖子，这样面团的膨胀就会受到限制，水分也无法蒸发出去，从而使面包质地绵密、口感湿润。

烤制山形面包时，模具呈敞开的状态，面团会尽情膨胀并从模具中冒出去。由于只能向上伸展，所以面团纵向的膨胀程度更大，水分也会蒸发出去。总之，与砖形面包相比，**山形面包的表皮较薄，质地也更疏松，面包里会有很多较大的气泡。**

用面包做吐司时，便能明显看出两种面包之间的差别，一定要试试看哦。山形面包的表皮又薄又脆，内芯口感轻盈。食用时涂上厚厚的黄油或果酱，使原本较干的面包稍稍变得湿润，实属最佳搭配。

让面团充分膨胀

下面要做的山形面包只有2节。做山形面包时，不用像砖形面包那样把2根面棒编在一起，而是将2个卷成卷的面团放到模具中烘烤，用这样的方法整形是为了保证面团能充分膨胀。

为了让面团膨胀得更好，需要稍微加强和面的力度。和面的力度变强，面筋就会变得更强韧，面团也会更好地膨胀。需要注意的是，虽说要加强力度，但是也不要太用力，只要稍微加强就足够了。

材料（2个的量）

砖形面包的面团（➡p38）··· 全量
鸡蛋（涂抹用）·················· 适量

准备

◉ 黄油放在室温下，软化至用手指按压会马上凹陷的程度（如果是夏天，和面时黄油就会变软，所以不用在室温下软化，直接用手将冷黄油捏碎软化即可）。

◉ 在模具里涂上一层薄薄的油脂（黄油或市面上出售的烘焙脱模油等）。

需要特别准备的工具

擀面杖，顶部尺寸9.5cm×19.5cm、高9.5cm的方形面包模具2个，毛刷

制作流程

和面
🌡 面团和好后的温度为25℃

▼

一次发酵
🕐 1小时30分
（1小时➡排气➡30分钟）

▼

分割
240g

▼

中间松弛
🕐 20分钟

▼

整形
◉ 将面团卷成卷
◉ 1个模具中放入2团面卷

▼

最终发酵
🕐 1小时10分钟

▼

烘烤
涂抹蛋液
🌡 200℃　🕐 30分钟

山形面包的制作方法

1 中间松弛结束。

从和面到中间松弛的步骤都与"砖形面包"（➡p38）**1**～**23**相同。

2 给面团排气。

将面团上下颠倒放在操作台上，双手稍用力按压出面团中的气体，同时将面团压成椭圆形。

将光滑的一面朝下放置，这样整形后光滑的一面就会成为面团的表面。

3 将面团折叠起来。

用与"砖形面包"**25**～**27**一样的方法折叠面团，制作面包芯。

4 将面团搓成棒状。

将面团的接缝处朝下放置，两手从中央向左右两端搓动面团，将其搓成25cm长的棒状。

搓的时候不要太用力，面团延伸到规定的长度即可。

5 继续将右边的面团搓细。

两手放在面团上，右手用力搓动，将右边的部分搓细。

6 将面团都搓成棒球棒的形状。

只将面团右侧搓细，搓成棒球棒的形状。

7 用擀面杖将面团擀长。

将面团的接缝处朝上并竖直放置，使面团较细的一端靠近自己，用擀面杖将面团擀成约32cm长。

将面团擀成饭勺的形状。用擀面杖擀过的面团会变得细腻均匀，烤好的面包纹理也会比较细致。

8 制作面卷的芯。

如图所示，将对侧的面团卷起来。

这个部分会成为面卷的芯，一定要卷紧。

9 拉伸靠近自己一侧的面团。

再卷一圈，然后如图所示，用手拉伸靠近自己一侧的面团。

10 卷成面卷。

一只手拉住靠近自己一侧的面团，另一只手继续向里卷。

卷的时候不要用力，要轻轻地卷。如果卷得太紧，烘烤时面团就不容易膨胀。

11 捏紧接缝处。

用手指捏紧接缝处。

12 在1个模具中放入2团面卷。

将2团面卷的接缝处朝下放到模具中。

2团面卷在膨胀的过程中会互相挤压，同时也会受到模具的限制，所以放置的时候要确保左右间隔均等。

13 进行1小时10分钟的最终发酵。

用撒有手粉的保鲜膜轻轻地盖住模具，然后将模具放到温暖的地方进行最终发酵，约需1小时10分钟。

如果温度超过30℃，黄油就会化开，所以一定要控制好温度。

14 结束最终发酵。

当面团膨胀到模具边缘时，就可以结束最终发酵了。

由于发酵时没有盖盖子，面团的温度很容下降，所以最终发酵的时间比"砖形面包"多10分钟左右。

15 刷上蛋液，用200℃烘烤30分钟。

用毛刷蘸取搅匀的蛋液，在面团上来回刷2次，将面团放入烤箱中，用200℃烘烤约30分钟。烤好后立刻将模具轻摔在操作台上，快速排出面包中的水蒸气，然后取出面包放到冷却架上冷却。

胚芽面包

Pain de mie aux germes de blé

　　我个人认为，主食面包中应该尽量避免放入"添加物"，因为毕竟是我们每天都要吃的食物，越简单越好。但是胚芽面包是一个例外。胚芽面包的香味十足，做成的吐司更是香气四溢。加入胚芽后，面团的黏性也会增加。为了中和胚芽的涩味，还需要加些蜂蜜，这样一来面团就很容易变得软塌塌。**刚开始的时候，面团会比较黏，和起来有一点困难，只要多和一会儿便能顺利和成团，**请放心尝试吧。

材料（2个的量）

高筋面粉（super Camellia）	500g
脱脂奶粉	9g
小麦胚芽	38g
即发干酵母	9g
砂糖	15g
盐	9g
蜂蜜	20g
水	385g
黄油（不含食盐）	27g
鸡蛋（涂抹用）	适量

胚芽是去除小麦胚乳（磨碎后即为面粉）剩下的部分，富含维生素和矿物质，拥有浓郁的香味。

准备

- 黄油放在室温下，软化至用手指按压会马上凹陷的程度(如果是夏天，和面时黄油就会变软，所以不用在室温下软化，直接用手将冷黄油捏碎软化即可)。
- 在模具里涂上一层薄薄的油脂（黄油或市面上出售的烘焙脱模油等）。

需要特别准备的工具

擀面杖，顶部尺寸9.5cm×19.5cm、高9.5cm的方形面包模具2个，毛刷

制作流程

▼和面	🌡 面团和好后的温度为25℃
▼一次发酵	⏱ 1小时30分钟 （1小时➡排气➡30分钟）
▼分割	160g
▼中间松弛	⏱ 20分钟
▼整形	◉ 将面团卷成卷 ◉ 1个模具中放入3团面卷
▼最终发酵	⏱ 1小时10分钟
▼烘烤	涂抹蛋液 🌡 200℃　⏱ 30分钟

制作方法

1 将面粉和脱脂奶粉混合后筛到碗里。加入小麦胚芽、干酵母、砂糖和盐，用硅胶铲搅拌均匀（**a**）。

2 取少量材料中的水加到蜂蜜里稀释蜂蜜，然后把蜂蜜和剩下的水都倒入 **1** 的碗中，用硅胶铲搅拌，直至水分被面粉完全吸收。

3 从和面到一次发酵的步骤都与"砖形面包"（➡p38）**4** ~ **19** 相同（**b**、**c**）。

4 将面团分割成6个160g的小面团。分割完后把面团放到撒有手粉的方盘里，然后轻轻地盖上撒有手粉的保鲜膜。把方盘放到温暖的地方松弛20分钟左右。

5 之后从整形到烘烤都与"山形面包"（➡p44）**2** ~ **15** 相同（**d**）。不同的是每个模具中要放入3团面卷。

脱脂奶粉直接接触液体时很容易结块，所以要将奶粉和面粉混合过筛。加入小麦胚芽和其他材料时要搅拌均匀。由于蜂蜜黏性比较大、不好搅拌，要先用水稀释，再倒入碗中。

由于加入小麦胚芽的关系，面团会比较黏，一开始和起来并不容易，但只要灵活运用前面讲的甩腕技巧来和面，面团就会逐渐变得既不粘台面也不粘手了。

和好的面团会变得像图中的面团一样光滑。为了让面团顺利膨胀，而使用了高筋面粉，这样和面时就能形成足够的面筋。

在每个模具中放入3个卷成卷的面团。

法式牛奶面包

Pain au lait

　　通过改变砖形面包面团的形状，就能制作出不同的面包。**法式牛奶面包作为餐包能搭配多种配料，涂上果酱、搭配火腿或奶酪等都非常好吃。**用材料表中的分量可以做出12个面包，每个烤盘上放6个面团，将2个烤盘分别放入烤箱的上下层一起烘烤。**若分2次烘烤，面团的发酵状态就会发生变化，所以要尽量一次烤完。**如果烘烤过程中上下层的面团上色有差别，可以在中途将2个烤盘的位置对调一下。

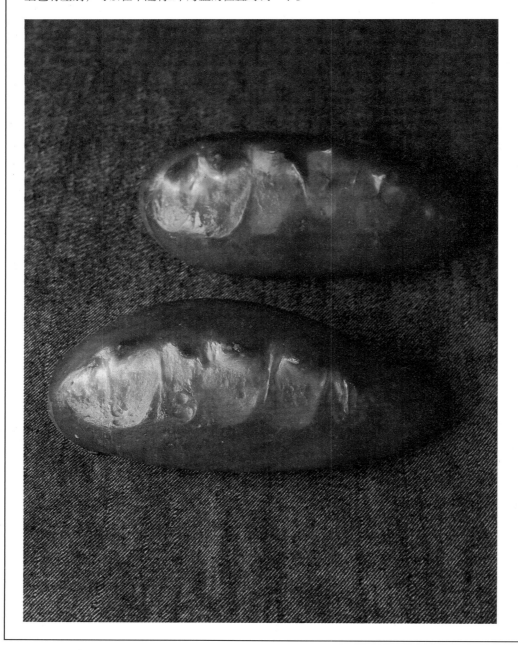

材料（12个的量）

砖形面包的面团（→p38）… 全量
鸡蛋（涂抹用）…………… 适量

准备

● 黄油放在室温下，软化至用手指按压
会马上凹陷的程度(如果是夏天，和面
时黄油就会变软，所以不用在室温下
软化，直接用手将冷黄油捏碎软化即
可)。

需要特别准备的工具

毛刷、剪刀

制作流程

▼和面	面团和好后的温度为 25℃
▼一次发酵	1小时30分钟 （1小时→排气→30分钟）
▼分割	80g
▼中间松弛	20分钟
▼整形	整形成12cm长略窄的橄榄球形
▼最终发酵	1小时
▼烘烤	● 涂抹蛋液 ● 用剪刀割包 200℃ 15分钟

制作方法

1 从和面到一次发酵的步骤都与"砖形面包"（→p38）**1** ~ **19** 相同。

2 将面团分割成12个80g的小面团。

3 将面团滚成细长的条状，放到撒有手粉的方盘里，轻轻地盖上撒有手粉的保鲜膜，然后将方盘放到温暖的地方松弛20分钟左右。

4 将面团整形成12cm长略窄的橄榄球形（**a**）。

5 将面团的接缝处朝下放到烤盘里，轻轻地盖上撒有手粉的保鲜膜，然后将烤盘放到温暖的地方进行最终发酵。

6 搅匀蛋液，用毛刷将蛋液刷在面团表面，来回刷2次（**b**）。

7 先用剪刀的刀尖蘸一下水，然后在 **6** 中的每个面团上横向连续剪出6个开口（**c**）。

8 将面团放到200℃的烤箱中烤15分钟左右。烤好后，将面包放到冷却架上冷却。

将面团整形成略窄的橄榄球形。
先将面团拉伸成椭圆形，然后从
对侧1/3处向面前侧折叠，用右
手手掌拍打面团，压紧接缝处，
再向面前侧折叠1/3。将面团对
折，同时用左手将接缝处的面团
向里塞，制作面包芯。接缝处朝
下放置并滚动面团，整形成12cm
长的窄长橄榄球形。

涂蛋液的时候不要只涂上面，
侧面也要涂到。这样整个面
包都会呈现出让人垂涎欲滴的金
黄色。

用剪刀割包，烘烤时切口处更容
易膨胀，面团的里面也能更好地
受热。割包时为了避免面粘在剪
刀上，要先将剪刀的刀刃蘸水。

巧克力夏威夷果面包

Pain au chocolat et noix de macadamia

　　巧克力夏威夷果面包就是在砖形面包的面团中加入相应的馅料制作而成。**巧克力和夏威夷果可以说是最佳搭档**，除了味道特别相配外，香脆的口感也非常突出。除此之外，还推荐腰果和蔓越莓、橙皮和巧克力、覆盆子和巧克力等组合。**建议在500g面粉制作的面团中放入160g馅料**，也可根据个人喜好搭配。

材料（18个的量）

砖形面包的面团（→p38）
……………………全量
巧克力屑………………… 80g
夏威夷果………………… 80g
鸡蛋（涂抹用）…………适量

准备

◉ 黄油放在室温下，软化至用手指按压会马上凹陷的程度（如果是夏天，和面时黄油就会变软，所以不用在室温下软化，直接用手将冷黄油捏碎软化即可）。

◉ 夏威夷果大致切碎。

需要特别准备的工具

毛刷、剪刀

制作流程

▼和面　🌡️ 面团和好后的温度为25℃

▼一次发酵　🕐 1小时30分钟
（1小时➡排气➡30分钟）

▼分割　60g

▼中间松弛　🕐 20分钟

▼整形　圆形

▼最终发酵　🕐 1小时

▼烘烤　◉涂抹蛋液
◉用剪刀割包
🌡️ 180℃　🕐 15分钟

制作方法

1 用与"砖形面包"（→p38）**1** ~ **12** 相同的方法和面。

2 当黄油差不多融入面团中，而且面团还会粘手粘台面时，摊开面团，放上巧克力碎和夏威夷果（**a**）。用面团包住馅料，继续和面（**b**）。

3 用与"砖形面包"**13** ~ **19** 相同的方法和面，然后进行一次发酵。

4 将面团分割成18个60g的小面团。

5 将面团滚成圆形，放到撒有一层薄薄的手粉的方盘里，再轻轻地盖上撒有手粉的保鲜膜，将方盘放到温暖的地方松弛20分钟左右。

6 将面团滚圆。整形的方法与"布里欧修面包"（→p60）**24** ~ **26** 相同。

7 整形完毕后，将面团放到烤盘上，轻轻地盖上撒有手粉的保鲜膜，将面团放到温暖的地方进行最终发酵，约需1小时。

8 搅匀鸡蛋，用毛刷将蛋液涂在面团上，来回涂2遍。剪刀的刀刃先蘸一下水，然后在每个面团上面剪一个小十字形（**c**）。

9 将面团放入180℃的烤箱中烤15分钟左右。烤好后将面包放到冷却架上冷却。

摊开面团，放上馅料，用面团包住馅料，继续和面。这样做能让馅料与面团充分混合。

要在面筋不强，面团还有些粘手的时候加入馅料。面团和得越久韧性越强，馅料就越难和进面团里，和面的时间也会增加，这样面筋就会变得过强，和好的面团温度也会过高，这些都不利于面包的制作。

用剪刀割包，烘烤时切口处更容易膨胀，面团里面也能更好地受热。

主厨之声

如果每个烤盘上放6个面团，则需要3个烤盘，先将2个烤盘分别放入烤箱的上下层一起烘烤。如果上下层的火力差别较大，可以在中途对调2个烤盘的位置。最终发酵后，将剩下的那个烤盘上的面团放入冰箱冷藏，避免面团继续发酵，待前面2盘面包烤好后，将冰箱中的面团取出，在室温下放置15分钟，再放入烤箱烘烤。

最终发酵时，让面团的表面变干并改变整形的方法，
这是烘烤出像石块一样的方形面包的关键。

石块面包

Pavé

最终发酵时，特意让面团表面变得干燥

　　Pavé 在法语里就是"石块"的意思。看看面包的样子是不是很像石头？石块面包是我的原创。面包表面是比较平整的四方形，侧面则会鼓出来，烘烤出这种形状的面包实际需要一定的窍门。

　　第一要点就是**将面团分割成四方形，先涂上蛋液，再进行最终发酵**。通常蛋液都是在结束最终发酵后再涂抹，这里需要颠倒一下顺序。此外，还有一点也和平时制作面包时不一样，那就是最终发酵时不用盖上保鲜膜保湿，**反而要特意让面团的表面变干燥**。

　　制作石块面包时，普通面包向上膨胀成山形的地方会保持扁平，这就需要在最终发酵前，给面团表面涂上蛋液，蛋液变干后会形成一层膜，烘烤时会阻碍面团向上膨胀，从而使表面变得平坦。另一方面，因不能向上膨胀，面团就会努力向侧面膨胀，这样便形成了石块面包独有的形状。**制作过程中不用刻意给面团保湿，是一款在家也能轻松制作的面包。**

整形后的面团可以冷冻保存

　　制作石块面包使用的面团与砖形面包、山形面包的面团一样。这种面团既适合做成甜味，也适合做成咸味。石块面包和黄油面包卷一样有很多种吃法，我推荐做成p57那样的三明治。

　　切割成四方形的面团可以放到冰箱里保存。烤制前1小时从冰箱中取出，放到室温下回温，再进行最终发酵，然后放入烤箱烘烤。

材料（24个的量）

砖形面包的面团（➡p38）　…　全量
鸡蛋（涂抹用）………………　适量

准备

◉ 黄油放在室温下，软化至用手指按压会马上凹陷的程度(如果是夏天，和面时黄油就会变软，所以不用在室温下软化，直接用手将冷黄油捏碎软化即可)。

需要特别准备的工具

擀面杖、喷雾器、直尺、毛刷

主厨之声

如果要冷冻保存石块面包的面团，只须将切成四方形的面团（➡p56的**6**）直接装入密封袋，这样可以冷冻保存一周左右。烘烤前取出面团，放在室温下解冻1小时左右，再涂上蛋液进行最终发酵，然后放入烤箱烘烤。可以一次烤好多个石块面包，也可以先将面团冷冻起来，想吃的时候再拿出来烘烤，这样每个周末的早上就都可以吃到刚出炉的面包了！

制作流程

和面
🌡 面团和好后的温度为25℃

▼

一次发酵
🕐 1小时30分钟
（1小时➡排气➡30分钟）

▼

分割
分割成2份

▼

整形
- 将面团擀成厚1cm、40cm×20cm的面皮
- 将面皮折三折
- 放到冰箱中冷藏2小时或冷冻1小时
- 切成边长4cm的正方形

▼

最终发酵
涂抹蛋液
🕐 1小时

▼

烘烤
🌡 200℃ 🕐 15分钟

石块面包的制作方法

1 将"砖形面包"的面团擀薄。

从和面到一次发酵的步骤与"砖形面包"（➡p38）**1**～**19**相同。一次发酵结束后将面团分割成2份，再分别擀成厚1cm、40cm×20cm的长方形。

注意分割方法，分割后的面团要便于以后的操作。

2 用喷雾器给面皮喷水。

将面皮横向放置，用喷雾器均匀地喷水。

喷在面皮上的水用于 **3** 中粘住面皮。如果没有喷雾器，可以用毛刷刷上薄薄一层水。

3 将面皮折三折。

将面皮分别从左右两端均等地折三折。

每次折叠时都要用手按压面皮，使其紧密地粘在一起。

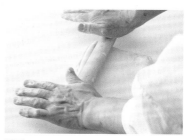

4 用擀面杖整形。

滚动擀面杖，整理面皮的形状。

用擀面杖擀压整个面皮，使面皮中的气泡分布得细致均匀。

5 将面皮放在冷藏室或冷冻室冷却。

将面皮放到方盘里，然后放入冰箱中冷藏2小时或冷冻1小时以使面皮冷却、紧实。

为了下一步能够顺利地将面皮切成正方形，需要面皮彻底凉透、变硬。放入冷冻室时，注意不要让面皮冻住。

6 将面皮切成边长4cm的正方形。

为了让形状漂亮，先用刀将面皮的四边切掉一些，再切分成边长4cm的正方形。

一张面皮可以切成12个正方形。

7 刷 2 次蛋液。

搅匀鸡蛋，用毛刷在面块的上表面刷2次蛋液。

8 进行 1 小时的最终发酵。

将面块有间距地放在烤盘上，然后放到温暖的地方进行1小时的最终发酵。

制作石块面包时，需要特意让面块的表皮变干并形成一层薄膜覆盖在上面，所以最终发酵时不用盖保鲜膜。

9 用 200℃烘烤 15 分钟。

将面块放入200℃的烤箱中烤15分钟。将烤好的面包放到冷却架上冷却。

最终发酵结束后，面团的厚度会膨胀到原来的1.5倍，面团的表面也会变干，看起来就像覆盖着一层薄膜。

石块面包的吃法

石块面包三明治
Pavé en sandwich

一口大小的石块面包直接吃就很美味，但我建议大家在面包中加入馅料，做成小巧可爱的三明治。

材料（1个的量）

石块面包⋯⋯⋯⋯⋯⋯⋯ 1个
芥末黄油（➡p33）⋯⋯⋯适量

◘馅料
生菜⋯⋯⋯⋯⋯⋯⋯⋯⋯ 1/2片
切达奶酪⋯⋯⋯⋯⋯⋯⋯ 1/2片
烟熏火腿⋯⋯⋯⋯⋯⋯⋯ 1/2片
番茄（切片）⋯⋯⋯⋯⋯ 1/2片

制作方法

1 将石块面包切成两半。从上向下斜切，这样可以更好地露出馅料，让食物看起来更诱人。

2 在面包的切面上均匀地涂上芥末黄油，然后将馅料夹到面包里。

本书中出现的面包制作专业用语

下面为大家介绍本书中制作面包时，使用的非常重要的词语。

面团的重中之重

面筋

面筋是由小麦中蛋白质形成的网状结构。面粉加水揉搓后就会形成具有黏性和弹性的面筋，它是面团中最重要的成分。**面筋的强度不仅决定着面团的弹性，也决定着面包的口感。**

决定面筋强度的主要因素有2个。一个是面粉中蛋白质的含量，另一个就是和面的力度和时间。

一般情况下，和面的时间越长、力度越大，面筋就越强。面筋越强，和面时感受到的面团弹性就越大。比如刚开始比较松散的面屑，揉一会儿就会因为面筋的连接，变成松软且有弹性的面团。此时按压面团可以感觉到柔软的反弹力，拉开时面团也会很好地延展。揉成圆形的面团放置一段时间也不会塌陷，而会维持隆起的形状，这就是面筋的力量。

但是如果此时继续和面，面团的弹性就会过大，变成紧绷的橡胶状，这种状态的面团就是揉过度的面包面团。再继续和面，不久面团就会变得像用了很久的橡胶一样失去弹性。

由于面筋比较强的面团能很好地膨胀，用这种面团烤出的面包口感会比较松软，如主食面包和点心面包。

描述面团的词语

韧劲、张力、延展、筋道

制作面包时经常会听到这4个词语。简单来说，"韧劲"和"张力"都是指面团的弹性。按压韧劲较强且有张力的面团时，会明显感受到面团的反弹力。

"延展"就如字面的意思一样，是指拉面团时面团的延展状态。

"筋道"主要用来形容咬面包时的口感。筋道的面团烤好后不容易咬断，而不筋道的面团烤好后能轻易咬断。

实际上这些词语都和面筋有关。韧劲、张力和延展性都由面筋形成，面包是否筋道也由面筋决定。当然除了面筋以外，面包的面团还包含了很多其他成分，但面筋确实是制作面包时最重要的成分。面筋与和面、发酵、中间松弛、整形等面包制作的全过程都息息相关。

面团的不同处理方法

比较强的面团、比较弱的面团

面团有强弱之分。比较强的面团是指主食面包、甜酥式面包（点心面包）等使用高筋面粉并加入鸡蛋、砂糖和黄油制成的面团。由于使用了高筋面粉，面筋的含量比较多，但加入的辅料会阻碍面筋的形成，**和面的力度稍大一些也不会影响面团，所以这种面团被称作比较强的面团。**

比较弱的面团则是指只用面粉、水、酵母（有时还加入盐）制作的法式面包的面团。这样说可能不易理解，**其实也可以将其理解为"敏感的面团"。**由于这种面团是由有限的材料和最少量的酵母发酵而成，如果操作不当很容易失败，所以被称为比较弱的面团。

第三章

布里欧修的面团

面团中加入了黄油、砂糖、牛奶，口感香浓醇厚，

也可以当作甜点享用。

布里欧修遍布法国各地，

有趣的是不同地方的布里欧修，其形状和味道也都不同。

布里欧修的面团可以有很多种变化，

本章将会为大家一一介绍。

布里欧修是味道香醇的甜酥式面包（点心面包）的一种。tête在法语里指"头部"，布里欧修独特的形状其实是在模仿僧侣的形象。

布里欧修面包

Brioche à tête

利用面团的自溶让面筋自然连接起来

布里欧修可以说是用料最丰富的面包之一。由于加入了大量鸡蛋，所以面团中的水分比较多。通常需要和面30分钟左右，用我的方法只需要和面10分钟左右就可以了，我的秘诀就是"自溶"。

自溶简单来说就是自我分解。当把面团和到二三成时，暂时停止操作，放置30分钟左右让水分被面粉完全吸收，面筋也会自然地连在一起。 自溶后的面团会焕然一新，变得有弹性，延展性也会变好。前面学习制作法式面包时，由于法式面包的面团非常敏感，为了防止过度和面，我们采取了相应的和面方法，制作布里欧修面包时也可以活用这一技巧。采用自溶的方法可以缩短和面的时间，因此面团和好后的温度不会太高，可以在理想的状态下进行发酵。在自溶过程中自然形成的面筋会让烤出的面包特别松软。由此可见，自溶对于制作布里欧修非常有利。

不容易失败的面包，面团可以冷藏保存2天

布里欧修中加入了大量砂糖和黄油，很久之前法国人就把它当作点心在家里制作。**一次发酵结束后，面团可以冷藏保存2天。分成小份再烘烤十分方便，单从这一点就可以看出布里欧修是非常适合在家里制作的面包。**

由于面团中加入了大量黄油，和面阶段用的时间就比其他面包的长，所以制作时一定要把室温控制在20～23℃。通常情况下，制作面包时应尽量避免面团变凉，但制作布里欧修时，还是在大理石或不锈钢等材质的操作台上和面比较好。

材料（18个的量）

中高筋面粉（rys d'or）	350g
高筋面粉（super Camellia）	150g
即发干酵母	6g
砂糖	60g
盐	12g
鸡蛋	4个
牛奶	120g
黄油（不含食盐）	200g
鸡蛋（涂抹用）	适量

由于布里欧修的面团比较松散，和起来也比较费时，为了让面团更有韧劲，制作时不要只使用中高筋面粉，还要加入一定比例的高筋面粉。

准备

◉ 给模具涂上一层薄薄的油脂（黄油或市面上出售的烘焙脱模油等）。

◉ 预热时将烤盘放到烤箱中。

◉ 直接用手将冷藏的黄油压碎，直到黄油的硬度达到用手指轻轻一按就会凹下去的程度。

需要特别准备的工具

直径8cm×高4cm的布里欧修模具18个、毛刷

由于制作的数量比较多，也可以用厚的铝箔模具替代专用模具，这样面团才会在烤箱内均匀受热，但一定要注意温度和时间。

和面
（中途进行30分钟的自溶）
🌡 面团和好后的温度为25℃

▼

一次发酵
🕐 2小时
（1小时➡排气➡1小时）

▼

分割
60g

▼

中间松弛
🕐 20分钟

▼

整形
将面团滚成圆形后放入模具

▼

最终发酵
🕐 1小时

▼

烘烤
涂抹蛋液
🌡 200℃　🕐 16分钟

布里欧修面包的制作方法

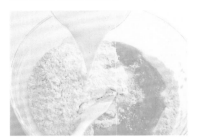

1 面粉中加入鸡蛋和一半的牛奶并搅拌。

将面粉混在一起筛入碗中，加入干酵母、砂糖和盐，用硅胶铲搅拌均匀。在面粉中央挖一个浅坑，倒入全部的鸡蛋和一半的牛奶，用硅胶铲搅拌。

2 倒入剩下的牛奶继续搅拌。

当水分被面粉完全吸收，无法继续混合时，倒入剩下的牛奶并继续搅拌。

继续搅拌至水分被面粉完全吸收。分两次倒入牛奶可以让所有材料混合均匀。

3 搅匀后将面团倒在操作台上。

当面粉大致成团且表面没有干粉时，将其倒在操作台上。

搅拌至水分被面粉完全吸收即可。此时面团还是松散的状态，倒在台面上后，两手轻轻将面屑捏成一团。

4 和面。将面团轻摔在台面上。

用双手的手指提起面团，然后轻摔在台面上。

和面的方法请参照"和面法🅐"（➡p8）。由于面团比较松散且粘手，所以和面时用手指捏住面团即可。

5 向对侧折叠面团。

面团落下后，顺势向对侧折叠面团。持续变换面团放置的方向，重复 **4**～**5** 的动作。

和面的过程可以让水分被面粉充分吸收，面筋也会逐渐形成。

6 面团虽大致成形，但延展性较差。

当面团大致成形后，确认面团的状态。

双手拉面团的边缘，拉开2cm～3cm左右就会断裂。此时已经用了5分钟和面，刚和至二三成。

7 放置 30 分钟，让面团自溶。

将面团揉圆后放到一开始和面的碗中。轻轻地盖上撒有手粉的保鲜膜，在室温下放置30分钟。

这个醒面的过程就是自溶。用30分钟的时间增加面团的黏性和延展性。

8 自溶结束。

图中即为自溶结束后面团的状态。

醒面前后面团的状态差异非常明显，自溶后面团的黏性更好了。

9 面团完美地连在一起。

捏起面团的边缘可以看到，此时的面团很有弹性，可以被抻得很长。

像 **6** 那样拉面团，面团可以被拉得很薄且不会断开。

10 摊开面团后放上黄油。

将面团倒在操作台上，摊开面团，放上黄油。

因为这种面团的和面时间较长，为了防止黄油中途化开，需要用手先将冷的黄油压碎弄软再放到面团上。黄油的温度最好比面团低2~3℃。

11 再次和面。

用面团包住黄油，然后像 **4** ~ **5** 那样继续和面。

此时面团已经不粘手了，可以用整只手抓住面团。但是手的温度可能会让黄油化开，所以要随时注意面团的状态，防止面团变软。

12 继续用力和面。

随着面筋的形成，面团会变得不粘手也不粘台面。

由于加了高筋面粉，面团的强度较大，所以折叠的时候可以用力压面团增加韧性。制作这种面团时，用力和面也没有关系。

13 和面结束。面可以被拉得很薄。

面团和好后的温度是25℃。确认面团的状态。

若面团表面的油光消失，就说明黄油已经混合到面团里了。揉到这个程度大概需要10分钟。虽然面团比较松软，但已经有了弹性，用双手拉面团的边缘，面团不会断开，可以被拉得很薄且表面光滑。

14 一次发酵需要 2 小时。

把面团放到一开始和面的碗中，轻轻地盖上撒有手粉的保鲜膜，然后将碗放到温暖的地方进行一次发酵，约需2小时。

由于面团中加入了大量黄油，为了避免黄油化开，发酵时温度应控制在30℃以下。

15 发酵进行至 1 小时。

面团膨胀到发酵前的1.5倍大。

此时需要给面团排气。不要只看时间，一定要结合面团的大小判断是否需要排气。

p64继续 ▶

16 排气。

将碗倒扣过来，把面团直接倒在操作台上，用双手按压排气。

因为是韧性比较强的面团，排气时一定要按压到位。

17 继续发酵1小时。

将用手指按压的一面包在里面，然后重新揉圆面团并放回碗里，轻轻地盖上保鲜膜，继续发酵1小时。

排气后，面团会恢复到发酵前的大小。

18 一次发酵结束。

当面团再次膨胀到发酵前的1.5倍大时，结束一次发酵。

不要只看时间，一定要结合面团的大小判断发酵是否结束。

19 手指戳进面团，检查面团的状态。

食指裹上手粉后，戳进面团里并立刻拔出，以确认面团的状态。

戳出的洞如果没有变化，就说明面团的发酵状态较好。如果洞有缩小的倾向，就说明发酵不足，面团还需要继续发酵一会儿。

20 排气。

把碗倒扣过来，将面团倒在操作台上。用两手轻轻按压面团排气，然后一边把用手按压的一面包在里面，一边将面团整理成便于切割的形状。

将比较光滑的一面当作面团的表面。把面团整理成枕头的形状。

21 将面团分割成60g的小块。

用刮板将面团分割成18个60g的小块。

22 滚圆面团，中间松弛20分钟。

将面团滚圆，放到撒有手粉的方盘上，轻轻地盖上撒有手粉的保鲜膜，再将方盘放到温暖的地方进行中间松弛，约需20分钟。

为了方便之后的整形，将面团滚成圆形。

23 中间松弛结束。

中间松弛结束。

松弛结束后，面团会膨胀一些。只用短短20分钟，面团就发生了这样的变化，说明面包的面团确实是活的。

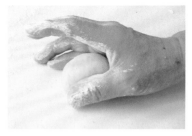

24 整形。用大拇指和小拇指转动面团。

将面团整理成圆形。用右手的大拇指和小拇指侧面夹住面团，再将两指贴在台面上，手掌紧贴住面团的下部，逆时针转动面团数圈。

以面团下部为中心收紧面团。

25 用手掌转动面团。

接着将手掌轻轻盖在面团上部，同样逆时针转动数圈。

这样面团的上部也会变得平滑。

26 将面团整理成圆形。

最后用小拇指的指肚将面团下边的一圈面往里推压，这样面团的底部中心就会出现脐状坑。

24、**25**的动作会让面团的上部变得光滑，而下部则变得紧实，**26**的动作会封紧面团下部的中心处。

27 在面团顶部压出细脖子状。

将右手小拇指的侧面放在距面团顶部1cm的地方。来回移动手部，压出细脖子状。

一定要压出细脖子，从而做出布里欧修的头部。

28 将面团放到模具中。

轻轻地捏住头部，将面团放到模具中。

29 按压头部。

整理形状时，将头部放在面团的中心位置，在头部周围的4个地方插入食指。

食指要一直插到面团底部，这样头部下方才会与面团的下部紧紧相连。

30 进行最终发酵。

将模具摆放到烤盘上，轻轻地盖上撒有手粉的保鲜膜，将烤盘放到温暖的地方进行最终发酵，约需1小时。

与一次发酵时一样，为了避免黄油化开，发酵温度应该在30℃以下。

31 最终发酵结束。

最终发酵结束。

当下方的面团膨胀到稍微高出模具时，即可结束发酵。

32 涂抹蛋液，用200℃烘烤16分钟。

用毛刷蘸取搅匀的蛋液，在面团上来回刷2遍。将模具移至事先预热的烤盘上，用200℃烘烤约16分钟。烤好后将面包从模具中取出并放在冷却架上冷却。

主厨之声

如果一次烤不完，可以将剩下的整形好的面团放进冰箱里冷藏，让面团停止发酵。由于加入了高筋面粉、砂糖和鸡蛋，面团比较强韧，所以暂时停止发酵也没有问题。烘烤前15分钟从冰箱中取出面团，让面团恢复到室温，待烤盘空下来就可以继续烘烤。

法式甜派面包
Tarte au sucre

布里欧修吐司面包
Brioche mousseline

夏朗德布里欧修面包

Brioche charentaise

橙香布里欧修面包

Pomponnette

法式甜派面包

Tarte au sucre

在法国各地都能看到用布里欧修面团制作的扁平状法式甜派,尤其是在诺曼底地区,作为传统面包格外受欢迎。甜派是乳制品丰富地区的特色甜点,给面团刷上蛋液,涂上鲜奶油,放上黄油,这样烤出的面包风味浓郁。撒在面团上的粗糖在烘烤过程中会变成焦糖状,这也增加了甜派的香味。

材料(14个的量)

布里欧修的面团材料(➡p60)
·······························全量
鸡蛋(涂抹用)···············适量
鲜奶油·························适量
黄油(不含食盐)·········约15g
粗糖·····························适量

> 此处使用的粗糖是从甜菜中提取的未精制褐色糖,也可以用从甘蔗中提取的粗糖。

准备

◉ 直接用手将冷藏的黄油压碎,直到黄油的硬度达到用手指轻轻一按就会凹下去的程度。
◉ 将装饰用的黄油切成边长5mm的小块。

需要特别准备的工具

擀面杖、毛刷

制作流程

▼和面	(中途进行30分钟的自溶) 🌡️ 面团和好后的温度为25℃
▼一次发酵	⏰ 2小时 (1小时➡排气➡1小时)
▼分割	80g
▼中间松弛	⏰ 20分钟
▼整形	整形成直径10cm的面饼
▼最终发酵	⏰ 1小时
▼烘烤	◉涂抹蛋液和鲜奶油 ◉放上黄油 ◉撒上粗糖 🌡️ 200℃　⏰ 11分钟

制作方法

1 从和面到一次发酵的步骤都与"布里欧修面包"(➡p60)**1** ~ **20**相同。

2 将面团分割成14个80g的小面团并滚成圆形。然后将面团放到撒有一层薄薄的手粉的方盘上,再轻轻地盖上撒有手粉的保鲜膜,最后将方盘放到温暖的地方进行中间松弛,约需20分钟。

3 用擀面杖将面团擀成直径为10cm左右的面饼(**a**)。

4 将面饼放到烤盘上,然后轻轻地盖上撒有手粉的保鲜膜。将烤盘放到温暖的地方进行最终发酵,约需1小时。

5 用手指在面饼上按压出10个小坑。

6 用毛刷蘸取搅匀的蛋液,在面饼上来回刷2遍。然后涂抹一层鲜奶油(**b**)。

7 将边长5mm的黄油块分3处堆放在面饼上。

8 将粗糖均匀地撒在面饼上(**c**)。

9 将面饼放到200℃的烤箱中烘烤11分钟左右。烤好后将甜派放到冷却架上冷却。

轻轻滚动擀面杖。擀的时候不要太用力,以免排气过度。

按顺序将鸡蛋和鲜奶油涂抹到面饼上。要充分涂抹鲜奶油,使其注满面饼上的小坑。

放上黄油,撒上粗糖后放入烤箱中。不用将表面烤成金黄色,颜色偏浅一些即可。烤好的面包口感松软。由于面饼不用过于膨胀,也可以将剩下的布里欧修面团留到第二天再烤。

布里欧修吐司面包

Brioche mousseline

布里欧修吐司面包是以布里欧修面团的传统形状为基础变形而来，将面团放到圆筒形的模具中烤制即可。模具中的面团不能向侧面扩展，只能向上延伸，所以面包的气孔比较大，口感轻盈。将面包切成厚的吐司片，面包中的大气泡会让吐司的口感松脆。

材料（5个的量）

布里欧修的面团（→p60）

…………………………全量

鸡蛋（涂抹用）…………适量

准备

◉ 裁剪蜡纸或烘焙用纸，使其比模具高2cm，然后将裁好的纸卷放在模具内侧。再裁出一个直径为8cm的圆形纸片铺在模具底部。

◉ 预热时把烤盘也放到烤箱里。

◉ 直接用手将冷藏的黄油压碎软化，直至用手指轻轻一按，黄油就会凹下去的程度。

需要特别准备的工具

直径10cm×高12cm的布里欧修吐司面包模具5个、剪刀、蜡纸或烘焙用纸、毛刷

制作流程

▼和面	（中途进行30分钟的自溶）🌡️面团和好后的温度为25℃
▼一次发酵	🕐 2小时（1小时➡排气➡1小时）
▼分割	230g
▼中间松弛	🕐 20分钟
▼整形	将面团整形为圆形，放入模具中
▼最终发酵	🕐 1小时30分钟
▼烘烤	◉涂抹蛋液 ◉用剪刀割包 🌡️200℃ 🕐25分钟

制作方法

1 从和面到一次发酵的步骤都与"布里欧修面包"（→p60）**1** ~ **20** 相同。

2 将面团分割成5个230g的小面团并滚成圆形，摆放到撒有一层薄薄的手粉的方盘上，轻轻地盖上撒有手粉的保鲜膜。再将方盘放到温暖的地方进行中间松弛，约需20分钟。

3 将面团整理成圆形（ **a** ）。捏住面团上部，将面团放到事先准备好的模具中（ **b** ）。在模具上轻轻地盖上撒有手粉的保鲜膜，再将模具放到温暖的地方进行最终发酵，约需1小时30分钟。

4 当面团膨胀到模具边缘以下2mm~3mm处时，结束最终发酵。

5 用毛刷蘸取搅匀的蛋液，在面团上来回刷2次。剪刀的刀刃蘸上水后，在面团上部剪出十字形（ **c** ）。

6 将模具放到事先预热的烤盘上，用200℃烤25分钟左右。烤好后立即将面包从模具中取出，放到冷却架上冷却。

将面团整理成圆形。双手贴着面团顶部向底部中心移动，抚平面团表面。接着将两手小拇指的侧面贴在台面上转动面团，收紧面团底部中心并形成脐状坑。

捏住面团上部，将面团放到模具中。

用剪刀剪出十字形，面团就可以更好地向上膨胀。由于模具支撑了面团的膨胀，所以也可以将完成一次发酵的面团放到冰箱里冷藏保存，第二天再烘烤。

夏朗德布里欧修面包

Brioche charentaise

作为爱西勒黄油（ÉCHIRÉ）的产地而闻名的爱西勒村，就位于法国西部的夏朗德地区，夏朗德布里欧修就是这个地区的传统布里欧修面包。烤制时，将爱西勒发酵黄油放在面团上，化开的黄油会渗透到面团中，发酵黄油的独特风味和浓郁香气会让烤出的布里欧修面包更加美味。

材料（18个的量）

布里欧修的面团（➡p60）
............................全量
鸡蛋（涂抹用）............适量
发酵黄油（含食盐）......约6g
细砂糖....................适量

准备

◉ 直接用手将冷藏的黄油压碎软化，直至用手指轻轻一按，黄油就会凹下去的程度。
◉ 将装饰用的黄油切成边长5mm的小块。

需要特别准备的工具

毛刷、剪刀

制作流程

▼和面	（中途进行30分钟的自溶） 🌡 面团和好后的温度为25℃
▼一次发酵	⏱ 2小时 （1小时➡排气➡1小时）
▼分割	60g
▼中间松弛	⏱ 20分钟
▼整形	圆形
▼最终发酵	⏱ 1小时
▼烘烤	◉ 涂抹蛋液 ◉ 用剪刀剪出十字形 ◉ 放上发酵黄油 ◉ 撒上细砂糖 🌡 200℃ ⏱ 18分钟

制作方法

1 从和面到一次发酵与"布里欧修面包"（➡p60）**1**～**20**相同。

2 将面团分割成18个60g的小面团并滚成圆形，摆放到撒有手粉的方盘中，轻轻地盖上撒有手粉的保鲜膜，再将方盘放到温暖的地方进行中间松弛，约需20分钟。

3 将面团整理成圆形后放到烤盘上（**a**），轻轻地盖上用撒有手粉的保鲜膜，将烤盘放到温暖的地方进行最终发酵，约需1小时。

4 用毛刷蘸取搅匀的蛋液，在面团上来回刷2遍。

5 剪刀的刀刃蘸上水后，在面团上部剪出十字形（**b**）。

6 将边长5mm的装饰用黄油块放到面团上。

7 每个面团上撒2小撮细砂糖（**c**）。

8 将面团放到200℃的烤箱中烤18分钟左右。将烤好的面包放到冷却架上冷却。

将面团整理成圆形再进行中间松弛。整形过程请参照"布里欧修面包"**24**～**26**。

用剪刀在面团上部剪出十字形。发酵黄油会通过这个切口渗透到面团中。

在面团上放上发酵黄油，撒上足量的细砂糖，然后开始烘烤。

橙香布里欧修面包
Pomponnette

　　橙香布里欧修面包在法国南部比较常见，面团中加入了橙花水。橙花水具有独特的甜爽香气。面包表面布满了糖粒，外观非常可爱。在南法，人们习惯将橙香布里欧修面包切成两半，中间夹入卡仕达酱（➡p36）食用，非常美味。

材料（18个的量）

布里欧修的面团（➡p60）
..............................全量
橙花水.......................... 12g
鸡蛋（涂抹用）.............适量
珍珠糖.........................适量

 橙花水是由酸橙花蒸馏而成的精华水。只须少量就能产生浓郁的香味。

准备

◉ 直接用手将冷藏的黄油压碎软化，直至用手指轻轻一按，黄油就会凹下去的程度。

需要特别准备的工具

毛刷

制作流程

▼和面	（中途进行30分钟的自溶） 🌡面团和好后的温度为25℃
▼一次发酵	🕐2小时 （1小时➡排气➡1小时）
▼分割	60g
▼中间松弛	🕐20分钟
▼整形	圆形
▼最终发酵	🕐1小时
▼烘烤	◉涂抹蛋液 ◉撒上珍珠糖 🌡200℃　🕐18分钟

制作方法

1 从和面到一次发酵的步骤都与"布里欧修面包"（➡p60）**1**～**20**相同。只是加入黄油后，还要加入橙花水（**a**），再继续和面（**b**）。

2 将面团分割成18个60g的小面团并滚成圆形。在方盘里撒上一层薄薄的手粉，把面团摆放到上面，再轻轻盖上撒有手粉的保鲜膜。将面团放到温暖的地方松弛20分钟左右。

3 将面团整理成圆形，摆放到烤盘上，轻轻地盖上撒有手粉的保鲜膜，放到温暖的地方进行最终发酵，约需1小时。

4 用毛刷蘸取搅匀的蛋液，在面团表面来回刷2遍。

5 将珍珠糖密密地撒在面团上（**c**）。

6 将面团放到200℃的烤箱中烤18分钟左右。烤好后将面包放到冷却架上冷却。

加入黄油，将面团和至表面没有油光时倒入橙花水。摊开面团，倒入橙花水，注意不要让水流下去。

用面团包住橙花水，继续和面。当橙花水均匀地融到面团中时，停止和面。

珍珠糖经过烘烤也不会化开，还会给面包增添令人愉悦的颗粒感。一定要撒上足量的珍珠糖。

改变布里欧修面团的材料和分量，
制作咸味的古格霍夫面包。

古格霍夫面包
Kouglof salé

"甜辣"一体的古格霍夫面包

古格霍夫面包的面团由布里欧修的面团衍生而来。正宗的法国阿尔萨斯地区的古格霍夫基本上都是甜的，作为传统发酵点心深受人们喜爱，但让我印象最深的却是咸味的古格霍夫面包。**带有些许甜味的面包搭配培根的淡淡咸味和炒洋葱，真的非常美味。**法国当地人很喜欢把古格霍夫面包和开胃酒搭配在一起吃。

古格霍夫面包既适合当地产的葡萄酒，也适合爽口的雷司令和甜口的琼瑶浆，当然搭配啤酒也不错。**我在制作这款面包时，加入了黑胡椒，给面包添了些许辛辣的风味，也可以换用罗勒粉、干番茄粉、干香草等香料调出不同的味道。**

用素烧古格霍夫模具烘烤

古格霍夫模具的形状比较独特。在斯特拉斯堡郊外有一个名为苏夫莱内姆的村子，街边随处可见售卖用当地陶土烧制的古格霍夫模具。

古格霍夫模具一定要使用陶制的。由于其形状独特，烘烤时面团的中心也要均匀受热，所以导热性好的陶制模具是首选。如果使用金属模具，面团的中心还没烤好，外侧就已经烤焦了。

特产店里摆放的有手绘图案的古格霍夫模具虽然非常可爱，但实用性不佳，不建议使用。这些模具多数又薄又容易破裂，手绘的图案不久也会剥落。有图案的古格霍夫模具可以用来装饰厨房，但烘烤面包还是要买结实耐用的素烧模具。

材料（5个的量）

中高筋面粉（rys d'or）	350g
高筋面粉（super Camellia）	150g
即发干酵母	6g
砂糖	55g
盐	12g
黑胡椒（粗磨）	1/2小勺
鸡蛋	4个
牛奶	140g
黄油（不含食盐）	80g
培根	100g
洋葱	100g

将黑胡椒和进面团里，让面包拥有浓郁的香辛料味。

准备

◉ 直接用手将冷藏的黄油压碎软化，直至用手指轻轻一按，黄油就会凹下去的程度。

◉ 在模具里涂上一层薄薄的油脂（黄油或市面上出售的烘焙脱模油等）。

需要特别准备的工具

直径15cm×高9cm的古格霍夫模具5个

制作流程

和面
 面团和好后的温度为25℃

▼

一次发酵
 1小时30分钟
（1小时➡排气➡30分钟）

▼

分割
220g

▼

中间松弛
 20分钟

▼

整形
整形成环状后放入模具中

▼

最终发酵
 1小时

▼

烘烤
 180℃ 　 30分钟

古格霍夫面包的制作方法

1 翻炒培根和洋葱。

将培根和洋葱分别切成边长5mm的小块。先把培根放入锅中用小火轻轻翻炒，炒出油脂后加入洋葱翻炒。

> 炒至洋葱变软即可。

2 混合面粉、黑胡椒等材料。

将面粉混合到一起，再筛入碗中并加入即发干酵母、砂糖、盐和黑胡椒。接下来的做法和"布里欧修面包"（➡p60）**1** ~ **9** 相同。

> 和面过程中不需要自溶。

3 和至面团黏性增强。

当面团表面变得平滑且黏性增强时，两手拉面的边缘，若面一拉就断，便可加入黄油。

4 加入黄油后继续和面。

摊开面团后放上黄油，用面团包住黄油，继续和面。

> 具体做法参照"布里欧修面包"（➡p60）**10** ~ **12**。为了避免黄油化开，黄油的温度最好比面团低2~3℃。

5 加入洋葱和培根。

当黄油完全融入面团时，摊开面团，将**1**中的洋葱和培根放在上面。

> 当面团表面没有油光时，就说明黄油已经完全融入面团了，此时便可加入洋葱和培根。

6 用面团包住洋葱和培根。

用面团将洋葱和培根包裹起来。

> 包裹的时候注意不要漏出馅料，然后继续和面。

7 继续和面。

继续轻轻地和面。

直至馅料与面团混合均匀为止。

8 检查面团的状态。

面团和好后的状态。

两手拉面团的边缘，如果边缘能够被拉得很薄且不断裂，就说明面已经和好了。

9 一次发酵用时1小时30分钟。

将面团整理成圆形后放入和面使用的碗中。面团和好后的温度为25℃。将撒有手粉的保鲜膜轻轻盖在碗上，然后将碗放到温暖的地方进行一次发酵，约需1小时30分钟。

10 一次发酵结束。

一次发酵结束。

当面团膨胀至初始大小的1.5倍时，一次发酵结束。不要只看时间，还要参考面团的大小进行判断。

11 确认面团的状态。

食指裹上手粉，戳进面团中并迅速拔出。

如果戳出的洞维持现状，就说明发酵状态较好。如果洞缩小了，就说明发酵不足，还需要继续发酵一会儿。

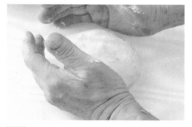

12 分割后进行中间松弛，整形。

倒扣碗，将面团倒在操作台上，两手轻轻按压排气。把面团分割成5个220g的小面团，分别滚成圆形，放到撒有一层薄薄的手粉的方盘上，轻轻地盖上撒有手粉的保鲜膜。将方盘放到温暖的地方进行中间松弛，约需20分钟。将面团整理成圆形。

13 将面团整理成环状。

用手指在面团的中央戳个洞并将洞扩大，做成环状。将面团放入模具中。

14 进行最终发酵和烘烤。

整理面团的形状。将撒有手粉的保鲜膜轻轻盖在模具上，放到温暖的地方进行最终发酵，约需1小时。放入180℃的烤箱中烤30分钟。从模具中取出烤好的面包，放到冷却架上冷却。

面团膨胀到模具边缘时，结束最终发酵。

主厨之声

如果一次烤不完，可以先将整形后的面团放到冰箱里冷藏，防止面团继续发酵。烘烤前15分钟从冰箱里取出面团回温，烤箱一空出来就立刻烘烤。也可以用比较小的古格霍夫模具烘烤。如果用直径10cm×高6.5cm的模具，需要把面团分割成每份80g，烘烤时间也要缩短5分钟。

法式杏仁奶油烤吐司

Brioche Bostock

　　法式杏仁奶油烤吐司，是面包房的面包师利用卖剩下的布里欧修吐司面包（➡p69）创造出的甜品，但是它的美味让人想不到它是用剩下的面包做出来的。先将吐司面包切成厚片，然后把面包片浸到杏仁液中，再涂上杏仁奶油烘烤。面包要吸收足够的杏仁液才好吃，所以与其用刚烤好的面包，不如用前一天剩下的有点干的面包。

布里欧修吐司面包（→p69）
‧‧‧‧‧‧‧‧‧‧‧‧‧‧‧‧‧‧‧‧‧‧ 1个
砂糖‧‧‧‧‧‧‧‧‧‧‧‧‧‧‧‧‧‧ 125g
杏仁粉（去皮）‧‧‧‧‧‧‧‧‧ 45g
水‧‧‧‧‧‧‧‧‧‧‧‧‧‧‧‧‧‧‧‧ 250g
橙花水（→p71）‧‧‧‧‧‧‧‧ 37g
杏仁奶油（→p35）‧‧‧‧‧‧‧ 适量
糖粉‧‧‧‧‧‧‧‧‧‧‧‧‧‧‧‧‧‧‧‧ 适量

准备
◉ 在烤盘上铺上烘焙纸。

需要特别准备的工具
调色刀、烘焙纸、网筛

制作方法

1 将水倒入锅中，加入砂糖和杏仁粉后用硅胶铲搅匀，然后加热（ a ）。当水温达到人的体温且砂糖完全化开后关火，加入橙花水（ b ）。将液体倒入碗中冷却。

2 将布里欧修吐司面包上面膨胀的部分切掉，用锯齿刀切6片厚2cm的面包片（ c ）。

3 将冷却架放在方盘上。把面包片浸到 1 中的杏仁液里（ d ），取出面包片，放在冷却架上沥去多余的杏仁液，然后放入冰箱冷藏一会儿。

4 在 3 中的面包片上涂一层薄薄的杏仁奶油（ e ），放到铺有烘焙纸的烤盘上。

5 放入170℃的烤箱中烤20分钟左右。面包冷却后用网筛撒上一层糖粉（ f ）。

将水、砂糖和杏仁粉倒入锅中，为了避免烧焦，要先搅拌均匀再加热。

为了防止香气流失，要在熄火后倒入橙花水。

最好使用前一天剩下的稍微有点干的面包，这样面包片可以充分吸收杏仁液。

一定要先将杏仁液冷却后再使用。由于布里欧修吐司面包的气孔比较大，如果杏仁液的温度太高，面包就会迅速膨胀，气孔大开，从而变得软烂。但如果杏仁液太凉，也不利于面包吸收液体。

浸完杏仁液的面包片可以稍微冷却一下，这样涂抹杏仁奶油时会比较容易。

先将抹刀贴放在面包片上，然后用网筛撒上一层糖粉，做出更专业的装饰。

特别专栏

富有地方特色的
法式家庭面包

　　纵观整个法国，具有地方特色的面包其实并不多。但布里欧修却是个例外，各地不同的风土人情演化出很多具有地方特色的布里欧修面包。我觉得这可能是因为从很久以前开始，法国的主妇们在制作布里欧修面包时，就加入了各种当地的美味特产，从而衍生出不同版本的布里欧修。此外，法国各地的地方传统点心中，有很多都是以布里欧修面团为基础制作而成。现在我比较感兴趣的是每年新年主显节时吃的国王格雷派饼。日本比较常见的布里欧修版国王格雷派饼，其吃法起源于法国南部。制作时，在面团中加入橙花水，再用珍珠糖和干果将环状面团装饰成王冠的样子，当然还要放入可爱的蚕豆。如果有机会去法国，一定要尝试一下当地特色的布里欧修。

第四章

羊角面包的面团

藤森主厨说"羊角面包就是让人们吃黄油的面包"。

由于使用了大量的黄油，所以制作时室温尤其重要。

只要室温不高，面团就不难制作。

这款面包既适合搭配巧克力、水果等甜味食物，

也适合搭配香肠等咸味食物。

羊角面包的味道主要取决于黄油。
制作过程中注意不要过度和面，努力给面团做出漂亮的叠层。

羊角面包

Croissant

羊角面包中含有大量黄油

　　我一直认为羊角面包就是"吃黄油"的面包。羊角面包奶香十足、味道柔和，浓郁的香气特别诱人。日本的羊角面包大多都是甜的，但我并不赞同。这是因为如果面包太甜，黄油的风味就会变淡。我们做的不是点心，而是面包，一点点甜味就够了，加入砂糖是为了促进酵母的发酵。

　　为了保证黄油的味道，面团一定要用发酵黄油。发酵黄油由乳酸菌发酵而成，带有些许的酸味，味道浓郁，香味也是独一无二。这种黄油的价格要比一般的黄油贵一些，但是难得做一次羊角面包，所以一定要用发酵黄油。

　　羊角面包中含有大量黄油，法国人经常把它当作周日的早餐，给人以奢侈的印象。在所有的发酵黄油中，爱西勒黄油（ÉCHIRÉ）堪称世界顶级，用它做出来的面包美味无比，请务必尝试做一次。

　　在法国，人们制作直羊角面包时使用天然黄油，制作新月形羊角面包时使用人造黄油。我制作的当然是直羊角面包。

给黄油和面团做出漂亮的叠层

　　制作时注意不要过度和面。羊角面包的面团就像加了酵母的派皮，如果和面过度致使面筋太强，面团的延展性就会变差。此外，在折叠的过程中，要将面团冷藏一会儿，同时醒好面，这样才能做出漂亮的黄油叠层。只要遵守以上两点，就可以做出口感松软的羊角面包。

材料（10个的量）

中高筋面粉（rys d'or）	250g
脱脂奶粉	10g
即发干酵母	4g
砂糖	40g
盐	5g
牛奶	125g
鸡蛋	1/2个
黄油（不含食盐）	7.5g
发酵黄油（不含食盐、折叠用）	150g
鸡蛋（涂抹用）	适量

加入脱脂奶粉会增加面包的奶香味，烘烤时面包也比较容易上色。加入牛奶也能达到同样的效果，但是如果牛奶加多了，就会影响面团的发酵，所以为了保持面团的成分均衡，最好还是加入脱脂奶粉。

准备

◉ 将加入面团中的黄油在室温下放置一会儿，软化至用手指按压一下就会凹陷的程度。

◉ 将折叠用的黄油放入冰箱冷藏。

需要特别准备的工具

擀面杖、毛刷

羊角面包的制作方法

和面
🌡️ 面团和好后的温度为25℃

▼

一次发酵
🕐 1小时30分钟

▼

折叠用黄油
擀薄

▼

折叠
◉ 先将面团放入冰箱中冷藏20～30分钟
◉ 折三折×3次（每次折完后都要放入冰箱冷藏30分钟）

▼

分割
◉ 将面团擀成厚3mm、40cm×15cm的面皮
◉ 将面皮切割成底边为7cm的等腰三角形
◉ 将面皮放入冰箱的冷藏室中醒面1小时

▼

整形
卷成面卷

▼

最终发酵
🕐 1小时30分钟

▼

烘烤
涂抹蛋液
🌡️ 200℃　🕐 15分钟

1 将面粉和脱脂奶粉过筛。

将面粉和脱脂奶粉混合到一起，再筛入碗中。

> 脱脂奶粉直接接触水很容易结块，所以要将奶粉和面粉混合到一起。

2 加入干酵母、砂糖和盐。

加入干酵母、砂糖和盐，用硅胶铲搅拌均匀。

3 加入牛奶和鸡蛋并搅拌。

将牛奶和鸡蛋均匀地搅拌在一起。在 **2** 中的面粉中央挖一个浅坑，然后倒入蛋奶液并搅拌。

> 让水分被面粉完全吸收，注意一定不要过度搅拌。

4 水分被面粉完全吸收的状态。

搅拌到如图所示的状态后，将面屑倒在操作台上，再用两手轻轻地将面屑捏成一团。

> 搅拌至面粉的表面不是特别湿即可。轻软的口感对羊角面包来说非常重要，所以一定不要过度搅拌或过度和面。

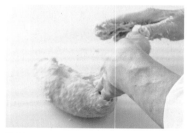

5 和面。

用"和面法 **B**"（➡p9）和面。

> 羊角面包的面团比较硬。虽然说需要和面，但如果和面过度，就会形成过多的面筋，面团的韧性就会过强，这样在后面的制作中，面团就很难展开，一定要特别注意。

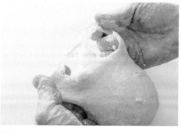

6 面团还没有延展性。

面团变得既不粘台面也不粘手的阶段。

> 两手拉面团的边缘，一拉即断。此时面团还没有完全连接在一起。

7 加入黄油。

摊开面团放上黄油。

黄油最好比面团低2~3℃。虽然加入黄油的量不多，但加入黄油的面团延展性会更好，后面折叠起来也比较容易。

8 继续和面。

将黄油包裹在面团里，然后用与**5**一样的方法继续和面。

9 判断面团的状态。

和面至面团表面没有油光即可。

此时拉面团的边缘，还是会马上断开。虽然现在看上去面团还没有和好，但在发酵的过程中，面筋会自然增强，因此不用担心。制作羊角面包时，需要特别注意的是不要过度和面。

10 一次发酵1小时30分钟。

将整理成圆形的面团放入和面用的碗中。面团和好后的温度为25℃。在碗上轻轻地盖上撒有手粉的保鲜膜，然后将碗放到温暖的地方进行一次发酵，约需1小时30分钟。中间要给面团排气。

11 一次发酵结束。

结束一次发酵。当面团膨胀到发酵前的1.5倍大时即可进行下一步骤。

12 用手指戳面团确认面团的状态。

食指裹上一些手粉，戳进面团里并迅速拔出。

如果戳出的洞能保持现状，就说明面团的发酵状态较好。如果洞口缩小，就说明面团发酵不足，还需要继续发酵一会儿。

13 排气。

倒扣碗，将面团倒在操作台上，然后直接用两手按压排气。

14 将面团放入冰箱的冷冻室中冷却20~30分钟。

在方盘中撒上一层薄薄的手粉，然后将面团放到盘中。用手稍微按压一下，把面团的表面压平，再轻轻地盖上撒有手粉的保鲜膜，然后将方盘放入冰箱的冷冻室冷却20~30分钟。

面团冷却后比较容易折叠。注意不要让面团冻实。

15 准备折叠用的黄油。

在冷却面团的时候准备黄油。将黄油切成1cm厚的薄片。

为了让**16**~**17**的操作更方便，要将黄油切成薄片。不需要软化黄油，从冷藏室拿出后直接切分。从这一步到整形为止，都要在凉快的地方进行。

p84继续 ▶

16 用擀面杖敲打黄油。

铺上保鲜膜，将黄油放到上面，再盖上一层保鲜膜，然后用擀面杖敲打黄油。

先用擀面杖将黄油敲打至便于擀压的硬度。

17 将黄油擀薄。

将黄油擀成20cm×15cm的长方形。

18 将黄油放入冰箱的冷藏室冷却。

将黄油放入冰箱的冷藏室冷却一会儿。

在折叠之前，将黄油放入冰箱的冷藏室冷却一会儿。黄油太硬不好折叠，所以只须将黄油冷却到柔软且不易化开的程度即可。

19 开始折叠。将面团擀成面皮。

取出冰箱里的面团，立刻用擀面杖将其擀成45cm×22cm的面皮。

擀的时候要适时改变面团放置的横竖朝向，使面团向各个方向延展。这样做是为了避免烤制时面团收缩。

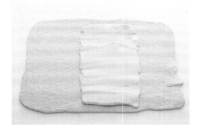

20 放上黄油。

将面团横向放置。取出冰箱中的黄油，将黄油纵向放在面团中间。

如果冷藏后黄油变硬，可以用擀面杖敲打黄油，让黄油软化到易于擀压的程度。

21 从右边开始折叠面团。

先从右边开始折叠。

将面皮整齐地盖在黄油上。这种包裹黄油的方法既简单，又能使黄油均匀地分布在面皮中，非常适合在家操作。

22 滚动擀面杖，让黄油和面皮紧贴在一起。

滚动擀面杖，让黄油和面皮紧紧地贴在一起。

用力擀也没有关系。

23 接着折叠左边的面皮。

同样地将左边的面皮也折叠起来并整理好形状。

24 滚动擀面杖，使面皮和黄油紧密贴合并整理好形状。

滚动擀面杖，使面皮和黄油紧密贴合在一起。

25 将上下端的边缘折叠起来。

左右折叠时，面团的上下端并没有闭合，此时将上下两边的面皮各折叠起1cm左右并用手按压紧实。

这样黄油就包好了。接下来要将面皮折三折，一共折叠3次。

26 将面皮擀成45cm长。

以**25**中折叠起来的部分作为上下端，竖直放置面皮，然后用擀面杖将面皮擀成45cm长。

不用改变面皮的方向，擀的时候力量要均等。关键是要让包在里面的黄油均匀地分布在面皮中。

27 将面皮折三折。

先折叠对侧的面皮，接着折叠面前的面皮，均等地折三折。

28 用擀面杖整理形状。

滚动擀面杖，压实面皮，整理好形状。

29 完成第一次的折三折。

这是第一次的折三折。折好后将面皮放到方盘中，盖上保鲜膜并放入冰箱冷藏30分钟。

冷藏醒面可以使面筋变得松弛，便于下次折叠，同时也可以防止黄油变得过软。总之，只有充分醒面才能做出漂亮的叠层。

30 按下手指印，留下"第一次"的记号。

在面皮上留下指印。

面包房的面包师要制作大量面团，为了防止忘记折叠次数，每折叠完一次都会留下指印。在家制作时不留指印也没关系，但留下指印会更专业哦。

31 再完成2次折三折。

调整面皮的朝向，把**29**中折叠后的面皮旋转90°，同样用擀面杖将面皮擀成45cm长，再依次折起对侧和面前的部分，均等地折三折，放入冰箱冷藏30分钟。然后用同样的方法再折叠一遍。

为了防止烘烤时面团收缩，每次折叠前都要调转面团的朝向。

32 将面皮擀薄，然后分割。

完成第三次折叠后，将面皮放到冰箱中冷藏30分钟，然后取出醒好的面皮放到操作台上。调整面皮放置的方向，把第三次折叠后的面皮旋转90°，再用擀面杖擀成厚3mm、40cm×15cm的面皮。

也可将**31**中的面皮放到冰箱中冷藏，第二天再进行整形以及之后的操作。

33 将面皮分割成三角形，再醒面1小时。

横向放置面皮，把上下边切整齐。从边缘开始用刀将面皮切成10个底边为7cm的等腰三角形。1个三角形的重量为50g。将三角形面皮放入方盘中并盖上保鲜膜，然后放入冰箱中冷藏1小时。

p86继续

34 整形。在底边切一刀。

取出冰箱中的面皮。用刀在底边的中心切出一个长5mm的小口。

对羊角面包来说，折叠时形成层次非常重要。切的时候一定不要碰到在 **33** 中形成的切口，也就是面的叠层。

35 拉伸三角形面团的顶点。

将三角形面团的底边朝前放置，左手握住底边，右手轻轻拉伸三角形的顶点。

36 卷面皮。

将底边切口的两侧稍稍向左右分开，双手放在底边上，然后一边稍微向左右拉伸面皮，一边向内侧卷一圈，这个卷就是整形后面团的芯。接着继续向面前轻轻卷动面皮。

一定要轻轻地卷，不要破坏叠层。

37 最终发酵 1 小时 30 分钟。

将面卷末端的接口处朝下放到烤盘上，轻轻地盖上撒有手粉的保鲜膜，然后放到温暖的地方进行最终发酵，约需1小时30分钟。

为了防止黄油化开，温度要控制在30℃以下。

38 最终发酵结束。

最终发酵结束。

当面团膨胀到原来的1.5倍大时即可。不要只看时间，还要结合面团的大小来判断。

39 涂抹蛋液，用 200℃ 烤 15 分钟。

用毛刷将搅匀的蛋液涂抹在面团上，来回涂2遍。将面团放入200℃的烤箱中，烘烤15分钟左右。烤好后将面包放到冷却架上冷却。

涂抹蛋液时，要注意不要破坏叠层，一定要轻轻地涂抹。

CHECK 确认整形后面团的断面是否有漂亮的叠层。如果面团的叠层清晰漂亮，烤好后面包内部就会呈现出如图所示的螺旋状。

烘烤前

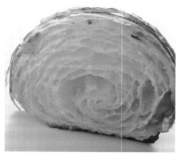

烘烤后

主厨之声

如果一次烤不完，可以分2次烤。由于面团中加入了鸡蛋和砂糖，所以要把后烤的面团放到冰箱里以阻止面团继续发酵。烘烤前15分钟再取出面团。**34** 之后的整形步骤最好在临近烘烤之前做。

利用剩余的羊角面包面团

灵活运用分割时剩下的羊角面包面团。

混合到面团里的细砂糖在烘烤完成后会变成焦糖状，使面包口感松脆。

松脆面包
Croquant

材料（2个的量）

剩下的羊角面包面团（→p80）
　　　……………… 约100g
核桃……………… 35g
细砂糖……………… 15g
明胶液（涂抹用）………适量

◫ 糖霜（涂抹用）
┌ 糖粉……………… 90g
└ 糖浆……………… 30g

> 制作糖浆：将125g水和100g细砂糖倒入小锅中加热至沸腾，然后冷却即可。

准备

◉ 预热时将烤盘也放入烤箱中。
◉ 制作糖霜。将糖浆和糖粉倒入碗中，慢慢地搅拌至糖粉完全化开即可。

需要特别准备的工具

直径10cm×高3cm的松糕模具2个、与模具大小一样的锡箔纸杯2个、喷雾器、毛刷

制作方法

1 将剩下的羊角面包面团大致切成边长2cm的小块。

2 将核桃和面团放到一起切碎，撒上细砂糖后继续切（ⓐ）。

3 将锡箔纸杯垫到模具里。为了便于脱模，用喷雾器将水喷在杯子内侧。

4 在每个杯子中放入70～80g **2** 中的材料（ⓑ），然后用手轻轻按压，使材料融合在一起。

5 轻轻盖上撒有手粉的保鲜膜，然后进行最终发酵，约需1小时30分钟。

6 将 **5** 放到事先预热的烤盘上，再放入烤箱，用200℃烤20分钟左右。

7 烤好后趁热用毛刷给面包刷上明胶液。将糖霜加热到与人的体温差不多后，用毛刷刷在面包上（ⓒ）。

切面团的同时加入核桃和砂糖，将核桃和面团一起切碎。

制作时，使用家里有的模具即可，只使用锡箔纸杯也没关系。使用浅口模具受热会更好，烤出的面包也会比较脆。如果模具中的食材塞得太紧，烤出的面包就会比较硬，所以只须轻轻地按压，使材料融合在一起即可。

当明胶液变得比较有光泽时，将其涂抹到面包上。先涂一层明胶可以防止面包吸收糖霜。准备明胶液时按照商品说明加热即可。

巧克力面包卷

Pain au chocolat

　　羊角面包的面团经常被用来制作巧克力面包卷。卷在里面的巧克力可以使用烘焙专用的棒状巧克力。我特别喜欢巧克力，所以在面里卷了3根。**烘烤后，会有一小部分巧克力融入到面包中，剩下的还会保持清脆的口感，只在一款面包中就可以品尝到两种不同口感的美味巧克力。**整形时动作要轻柔，以免破坏面皮的叠层。

材料（6个的量）

羊角面包的面团（➡p80）
　　　　　　　　　…………… 全量
烘焙用巧克力棒…………… 18根
鸡蛋（涂抹用）…………… 适量

> 使用烘焙专用的巧克力棒。此处使用的巧克力棒每根大约重3.3g、长7.8cm。

准备

◎ 将黄油在室温下放置一会儿，软化到用手指按压一下会立刻凹陷的程度。

需要特别准备的工具

擀面杖、毛刷

制作流程

▼和面　🌡 面团和好后的温度为25℃

▼一次发酵　🕐 1小时30分钟

▼折叠
◎ 先放入冰箱的冷冻室中冷冻20~30分钟
◎ 折三折×3次（每次折完后都要放入冰箱冷藏30分钟）

▼分割
◎ 将面团擀成厚3mm、40cm×15cm的面皮
◎ 将面皮切割成13cm×7cm的大小
◎ 放入冰箱中冷藏1小时

▼整形　卷入3根巧克力棒

▼最终发酵　🕐 1小时

▼烘烤　涂抹蛋液　🌡 200℃　🕐 15分钟

制作方法

1 做法与"羊角面包"（➡p80）**1**~**32**相同。

2 将面皮切割成6片13cm×7cm的小面皮。将切好的面皮放到方盘中并盖上保鲜膜，然后放到冰箱中冷藏1小时。

3 取出冰箱中的面皮，横放在操作台上。把1根巧克力棒放到距离面皮左端2cm处。

4 用左端的面皮盖住巧克力棒（ **a** ）。

5 再将2根巧克力棒放到卷起的面皮上（ **b** ）。

6 以这2根巧克力棒为中心将面皮卷起来。

7 将卷好的面皮接口处朝下放到烤盘上，再轻轻地盖上撒有手粉的保鲜膜。然后将烤盘放到温暖的地方进行最终发酵，约需1小时（ **c** ）。

8 用毛刷将搅匀的蛋液涂抹在面团上，来回涂2遍。将面团放入烤箱中，用200℃烤15分钟左右。将烤好的面包放到冷却架上冷却。

将1根巧克力棒放到距离面皮左端2cm处。巧克力棒比面皮长，放置的时候上下两端都要超出面皮一些。用左端的面皮盖住巧克力。

盖住巧克力棒的面皮要留有余量，将2根巧克力棒放到上面，然后将巧克力和面皮卷成卷。卷的时候不要用力，以免弄坏面皮的叠层。

最终发酵后面团会膨胀到原来的1.5倍大。随着面皮的膨胀，巧克力和面皮之间的空隙也会被填满。为了防止黄油化开，最终发酵时的温度一定要控制在30℃以下。

香肠面包卷

Pain à la saucisse

羊角面包的面团也非常适合用来做咸味面包。将芥末涂在充满浓郁黄油味的面团上，再卷入香肠就是香肠面包卷。这款面包既可以搭配蔬菜，也可以搭配葡萄酒或啤酒。**将面包做小一些，就变身成适合宴会食用的小零食。**做小零食只须将面皮切成一半大小，即边长3.5cm的方形，然后将面皮擀长一些，再卷入4cm长的小香肠即可。

材料（10个的量）

羊角面包的面团（➡p80）
…………………………全量
芥末……………………………适量
香肠（长约7.5cm）…… 10根
蛋黄酱……………………………适量
荷兰芹碎（干）……………适量
鸡蛋（涂抹用）……………适量

准备

◉ 将黄油在室温下放置一会儿，软化至用手指按压一下便立刻凹陷的程度。

需要特别准备的工具

擀面杖、剪刀、毛刷

制作流程

▼和面 🌡 面团和好后的温度为25℃

▼一次发酵 🕐 1小时30分钟

▼折叠
◉ 先放入冰箱的冷冻室中冷冻20～30分钟
◉ 折三折×3次（每次折完后都要放入冰箱冷藏30分钟）

▼分割
◉ 将面团擀成厚3mm、40cm×15cm的面皮
◉ 将面皮切割成边长7cm的方形
◉ 放入冰箱中冷藏1小时

▼整形
◉ 涂抹芥末，卷入香肠
◉ 割包，放上蛋黄酱和荷兰芹碎

▼最终发酵 🕐 1小时

▼烘烤
涂抹蛋液
🌡 200℃ 🕐 15分钟

制作方法

1 做法与"羊角面包"（➡p80）**1**～**32**相同。

2 将面皮切割成10片边长7cm的方形小面皮。将切好的面皮放入方盘中并盖上保鲜膜，然后放到冰箱中冷藏1小时。

3 取出冰箱中的面皮，用擀面杖将面皮稍微擀长一些，擀成长方形。

4 在面皮中间偏对侧的位置涂抹芥末。

5 用毛刷将搅匀的蛋液涂抹到面前侧的面皮上。

6 将香肠放到芥末上（ **a** ）。

7 用对侧的面皮盖住香肠，以此为中心向里卷。将末端的接缝处朝下放置并用手轻轻按压，粘紧接缝处。

8 将卷好的面团放在烤盘上。剪刀的刀刃蘸上水，在面团上方的中央处戳出2个洞（ **b** ）。

9 将蛋黄酱倒入洞里，然后撒上荷兰芹碎（ **c** ）。

10 在烤盘上轻轻地盖上撒有手粉的保鲜膜，然后放到温暖的地方进行最终发酵，约需1小时。

11 将搅匀的蛋液涂抹在面团上，来回涂2遍。然后将面团放入烤箱中，用200℃烤15分钟左右。将烤好的面包放到冷却架上冷却。

为了粘住面皮，先在面前侧面皮的边缘处涂上蛋液，然后再开始卷。香肠的长度以左右两端各超出面皮5mm为宜。

用剪刀在面团上戳2个洞。这样蛋黄酱就不会流出来了，同时也有利于面团的膨胀。

先倒入蛋黄酱，再撒上荷兰芹碎，然后进行最终发酵。如果一次烤不完，可以将整形后的面团放到冰箱里冷藏，暂停发酵。烘烤前15分钟从冰箱中取出面团恢复至温度。需要注意的是，最终发酵时温度应该控制在30℃以下，以免黄油化开。

丹麦面包

Danoise

丹麦面包在法语里有"丹麦酥皮点心"的意思。制作丹麦面包的面团时，要加入大量鸡蛋、砂糖和黄油，这与制作甜点的甜面团相似，而在家里制作时，用羊角面包的面团就可以了，这样做出的面包与用传统方法做出的面包基本上没有什么区别。但是**由于羊角面包面团的含糖量较低，烘烤时很难上色，所以在烘烤前一定要涂2遍蛋黄液。**通过改变面团的形状和配料，可以制作出各种各样的丹麦面包。

风车面包

Moulin

Moulin在法语中有"风车"的意思。虽然形状看上去很复杂，但只要掌握整形技巧，就会非常简单。

材料（9个的量）

羊角面包的面团（➡p80）	全量
杏仁奶油（➡p35）	45g
杏仁	4½个
蛋黄（涂抹用）	适量

准备

- 将黄油在室温下放置一会儿，软化至用手指按压便立刻凹陷的程度。
- 将杏仁纵向切两半。
- 将蛋黄和水（分量外）以2:1的比例混合在一起。

需要特别准备的工具

擀面杖、裱花袋、圆形裱花嘴（直径3mm）、毛刷

制作流程

▼和面	🌡 面团和好后的温度为25℃
▼一次发酵	⏱ 1小时30分钟
▼折叠	● 先放入冰箱的冷冻室中冷冻20～30分钟 ● 折三折×3次（每次折完后都要放入冰箱冷藏30分钟）
▼分割	● 将面团擀成4mm厚 ● 切割成边长8cm的方形 ● 放入冰箱中冷藏1小时
▼整形	● 在4个角切出切口，挤上杏仁奶油 ● 整形成风车形
▼最终发酵	⏱ 1小时
▼烘烤	● 涂抹蛋黄 🌡 200℃ ⏱ 15分钟

制作方法

1 做法与"羊角面包"（➡p80）**1**～**32**相同。将面皮擀成4mm厚便于**2**切割的大小。

2 将面皮切割成9个边长8cm的方形小面皮。把切好的面皮放到方盘里，再盖上保鲜膜，然后放入冰箱中冷藏1小时。

3 用刀在面皮4个角的对角线上分别切出4.5cm长的切口。

4 用毛刷将蛋黄液涂抹在面皮的4个角上（ **a** ）。

5 将裱花嘴安装在裱花袋上，然后装入杏仁奶油。为了后面更好地粘住折起来的面皮，要将奶油挤成环状，每个面皮上挤5g。

6 将切口处一侧的面皮顶端依次折到中心位置（ **b** ）。

7 将切好的半个杏仁放到面皮重叠的中心处，然后用力按压下去，使中心的面皮能够紧密地粘在一起（ **c** ）。

8 将整形好的面皮放到烤盘上，轻轻地盖上撒有手粉的保鲜膜。然后将烤盘放到温暖的地方进行最终发酵，约需1小时。

9 用毛刷将蛋黄液涂抹在面皮上，来回涂2遍。然后将面皮放到烤箱中，用200℃烤15分钟左右。将烤好的面包放到冷却架上冷却。

在面皮的4个角切出切口，然后在每个角上刷蛋黄液。蛋黄液可以让面皮更好地粘在一起。

用裱花袋在面皮上挤一圈杏仁奶油，再依次将切口处一侧的面皮向中心折叠。

将杏仁放到面皮的中心并用力按压，让每一个重叠的角都能紧密地粘在一起，同时杏仁也能牢牢粘在面团上。

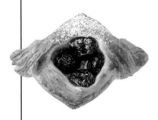

樱桃丹麦面包

Cerises

从这款面包的名字中便可看出制作时加入了糖渍黑樱桃。这种形状的面包
常见于面包房，也被称为船形。

材料（9个的量）

羊角面包的面团（➡p80）
··············全量
卡仕达奶油酱（➡p36）
··············适量
糖渍黑樱桃（市售）······ 36个
蛋黄（涂抹用）··········适量
糖粉··············适量

准备

◉ 将黄油在室温下放置一会儿，软化至用
手指按压便会立刻凹陷的程度。

◉ 将蛋黄和水（分量外）以2:1的比例混
合在一起。

需要特别准备的工具

擀面杖、裱花袋、圆形裱花嘴（直径
3mm）、毛刷、网筛

制作流程

▼和面　🌡面团和好后的温度为25℃

▼一次发酵　🕐1小时30分钟

▼折叠
◉ 先放入冰箱的冷冻室中冷
冻20～30分钟
◉ 折三折×3次（每次折完后
都要放入冰箱冷藏30分钟）

▼分割
◉ 将面团擀成4mm厚
◉ 切割成边长8cm的方形
◉ 放入冰箱中冷藏1小时

▼整形
◉ 在面皮上划出切口，再整
理成船形

▼最终发酵　🕐1小时

▼烘烤
◉ 挤上卡仕达奶油酱
◉ 放上糖渍黑樱桃
◉ 涂抹蛋黄
🌡 200℃　🕐15分钟

制作方法

1 做法与"羊角面包"（➡p80）
1～**32**相同。将面皮擀成
4mm厚便于**2**切割的大小。

2 将面皮切割成9个边长8cm的
方形小面皮。把切好的面皮放
到方盘里，盖上保鲜膜，然后放入
冰箱中冷藏1小时。

3 沿对角线将面皮对折成三角
形，在距离面皮边缘5mm处切
一刀，左右两边都要切。切口交叉
的顶点各留下5mm不切断（**a**）。

4 展开面皮（**b**）。用毛刷将
蛋黄液涂抹在边缘处。

5 将切断的外角折到对侧的内角
上，另一边也这样对折。然后
将对折处按压紧实（**c**）。

6 将折好的面皮放到烤盘上，轻
轻地盖上撒有手粉的保鲜膜。
将烤盘放在温暖的地方进行最终发
酵，约需1小时。

7 将裱花嘴安装在裱花袋上，然
后装入卡仕达奶油酱。在面皮
中央挤上少许奶油酱。

8 在每个面皮上放4个糖渍樱桃。

9 用毛刷将蛋黄液涂抹在面团
上，来回涂2遍。将面皮放入
烤箱中，用200℃烤15分钟左右。将
烤好的面包放到冷却架上冷却。然
后用网筛在面包上撒些糖粉。

沿对角线对折面皮，用刀在距离
面皮边缘5mm处切出切口，左右
各切一刀。切的时候不要完全切
断，切至两条切线交点以下5mm
处即可。

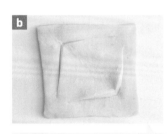

a中的面皮切好后如图所示。

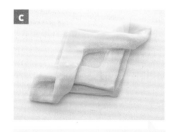

将断开的外角折到对侧的内角
上，另一边也这样对折，按压紧
实后如图所示。很久以前面包房
就开始制作这种形状的面包，这
种形状也被称为船形。

栗子丹麦面包

Marronnier

挤上栗子奶油，放上栗子甘露煮（糖煮栗子）和涩皮煮（带内皮的糖煮栗子），就做成了这款秋意浓浓的栗子甜品。

材料（10个的量）

羊角面包的面团（参照➡p80）
……………………………全量
栗子奶油（市售）…………适量
栗子甘露煮（市售）…… 10个
栗子涩皮煮（市售）…… 10个
蛋黄（涂抹用）…………适量
糖粉………………………适量

准备

◉ 将黄油在室温下放置一会儿，软化至用手指按压便会立刻凹陷的程度。
◉ 将蛋黄和水（分量外）以2:1的比例混合在一起。

需要特别准备的工具

擀面杖、裱花袋、圆形裱花嘴（直径3mm）、毛刷、网筛

制作流程

▼和面	🌡 面团和好后的温度为25℃
▼一次发酵	🕐 1小时30分钟
▼折叠	◉ 先放入冰箱的冷冻室中冷冻20~30分钟 ◉ 折三折×3次（每次折完后都要放入冰箱冷藏30分钟）
▼分割	◉ 将面团擀成4mm厚 ◉ 切割成15cm×4cm的面皮 ◉ 放入冰箱中冷藏1小时
▼最终发酵	🕐 1小时
▼整形	◉ 挤上栗子奶油 ◉ 放上栗子
▼烘烤	涂抹蛋黄 🌡 200℃　🕐 15分钟

制作方法

1 做法与"羊角面包"（➡p80）**1**~**32**相同。将面团擀成4mm厚便于**2**切割的大小。

2 将面皮切割成10个15cm×4cm的小面皮（**a**）。把切好的面皮放到方盘里，盖上保鲜膜，然后放入冰箱中冷藏1小时。

3 将面皮放到烤盘上，轻轻地盖上撒有手粉的保鲜膜，然后将烤盘放到温暖的地方进行最终发酵，约需1小时。

4 将裱花嘴安装在裱花袋上，然后装入栗子奶油。在**3**上等间距地挤上4处奶油（**b**）。

5 将栗子甘露煮和栗子涩皮煮分别切两半，然后将2种栗子交替放到**4**的面皮上并用力按压，使栗子和面皮紧密地粘在一起（**c**）。

6 用毛刷将蛋黄液涂在**5**中面皮的部分上，只涂面皮，不涂栗子，来回涂2遍。然后将面皮放到烤箱中，用200℃烤15分钟左右。将烤好的面包放到冷却架上冷却，然后用网筛撒上适量糖粉。

分割后进行最终发酵。

在面皮上挤栗子奶油。奶油可以让栗子粘在面皮上。也可以用杏仁奶油（➡p35）。

将栗子甘露煮和栗子涩皮煮交替放到面皮上并用力按压，使栗子粘在上面。然后就可以涂抹蛋黄液并烘烤了。

苹果丹麦面包

Pomme

　　这里再向大家介绍一款用羊角面包的面团制成的丹麦面包。**丹麦面包可以搭配季节性水果做成各种形状的美味面包，**这也是丹麦面包的特点之一。苹果丹麦面包同时搭配了又甜又软的糖煮苹果和新鲜苹果切片，食用时不仅能够享受到苹果的浓郁味道，还可以感受到苹果的清新。制作时要充分利用与苹果味道相合的香草和肉桂的香气。

材料（12个的量）

羊角面包的面团（→p80）… 全量

❊ 糖煮苹果（适量）

┌ 苹果…………………1个（300g）
│ 黄油（不含食盐）………25g
│ 砂糖…………………… 45g
└ 香草荚………………… 1/6根

苹果……………………… 3个

肉桂糖……………………适量

黄油（不含食盐）
……… 边长1cm的小块12块

蛋黄（涂抹用）……………适量

糖浆、明胶（涂抹用）…各适量

> 肉桂糖是由细砂糖和肉桂粉以5:1的比例混合制成。将100g细砂糖加入125g水中加热至沸腾，然后冷却即可。

准备

◉ 将黄油在室温下放置一会儿，软化至用手指按压便会立刻凹陷的程度。

◉ 将蛋黄和水（分量外）以2:1的比例混合在一起。

需要特别准备的工具

擀面杖、苹果形切模（直径12cm）、毛刷

制作流程

▼和面　🌡️ 面团和好后的温度为25℃

▼一次发酵　🕐 1 小时 30 分钟

▼折叠
◉ 先放入冰箱的冷冻室中冷冻20～30分钟
◉ 折三折 ×3次（每次折完后都要放入冰箱冷藏30分钟）

▼分割
◉ 将面团擀成 3mm 厚
◉ 用苹果形切模分割面皮
◉ 放入冰箱中冷藏 1 小时

▼最终发酵　🕐 1 小时

▼整形
◉ 涂抹蛋黄液
◉ 将糖煮苹果、苹果片、肉桂糖和黄油依次放到面皮上

▼烘烤
🌡️ 200℃　🕐 20 分钟
涂抹糖浆

▼装饰　◉ 涂抹明胶液

制作方法

1 制作糖煮苹果。苹果去皮去核，切成小块。将黄油放到锅中加热，倒入苹果翻炒，加入砂糖和香草荚，用小火煮。苹果煮至软烂且变成焦糖色时关火，直接放置冷却。

2 做法与"羊角面包"（→p80）**1**～**32**相同。用擀面杖将面团擀成3mm厚。

3 用苹果形切模切割出12片苹果形面皮。将面皮放到方盘中，盖上撒有手粉的保鲜膜，放到冰箱里冷藏1小时。

4 取出冰箱中的面皮，摆到烤盘上，轻轻地盖上保鲜膜，将烤盘放到温暖的地方进行最终发酵（**a**），约需1小时。

5 将剩下的3个苹果去皮去核，切成3mm厚的薄片。

6 用毛刷将蛋黄液涂抹在**4**的面皮上，来回涂2遍。

7 将**1**中的糖煮苹果放到面皮中间，每个面皮上约放15g（**b**）。

8 把每个苹果的切片都分成4份，每个面皮上放1份（**c**）。

9 撒上肉桂糖，放上黄油（**d**）。

10 将面皮放入烤箱中，用200℃烤20分钟左右。烤好后，立刻用毛刷将糖浆涂抹到面包面皮的部分上。将面包放到冷却架上冷却。

11 面包冷却后，用毛刷将明胶液涂抹到苹果片上（准备明胶液时，按照使用说明加热即可）。

最终发酵结束后，面皮的厚度膨胀为发酵前的1.5倍。

蛋黄液要涂2遍，然后放上糖煮苹果。

将每个苹果的切片都分成4份，每个面皮上放1份的量。将苹果切片均等地错开放置。

撒上肉桂糖，放上边长1cm的黄油块。

洋梨丹麦面包

Poire

　　我在法国逛烘焙用品店时，第一眼看到这个洋梨形切模就非常喜欢，一冲动就买了回来。心想只有丹麦面包才能做出这么可爱的形状。**用新鲜洋梨烤的面包味道不是特别好，所以我改用了洋梨罐头。**将半个洋梨切成薄片，摆放到面皮上，摆放时注意保持洋梨原有的形状。不一定非要用洋梨形的切模，也可以用家里现有的模具。

材料（10个的量）

羊角面包的面团（→p80）

……………………………等量

卡仕达奶油酱（→p36）… 150g

洋梨（罐头）…… 切半的10块

糖浆…………………………适量

明胶液（涂抹用）…………适量

> 将100g细砂糖加入125g水中，加热至沸腾后冷却，即可制成糖浆。

准备

◉ 将黄油在室温下放置一会儿，软化到用手指按压便会立刻凹陷的程度。

◉ 将蛋黄和水（分量外）以2:1的比例混合在一起。

需要特别准备的工具

擀面杖、洋梨形切模（长径15cm）、裱花袋（圆形裱花嘴）、毛刷

制作流程

▼和面	🌡️ 面团和好后的温度为25℃
▼一次发酵	🕐 1小时30分钟
▼折叠	◉先放入冰箱的冷冻室中冷冻20～30分钟 ◉折三折×3次（每次折完后都要放入冰箱冷藏30分钟）
▼分割	◉将面饼擀成3mm厚 ◉用洋梨形切模分割面皮 ◉放入冰箱中冷藏1小时
▼最终发酵	🕐 1小时
▼整形	◉涂抹蛋黄 ◉挤卡仕达奶油酱、放入洋梨
▼烘烤	🌡️ 200℃ 🕐 20分钟 涂抹糖浆
▼装饰	涂抹明胶液

制作方法

1 做法与"羊角面包"（→p80）**1**~**32**相同。将面团擀成3mm厚。

2 用洋梨形切模分割出10片洋梨形面皮，再将切好的面皮放入方盘中，盖上撒有手粉的保鲜膜，然后放入冰箱中冷藏1小时。

3 取出冷藏的面皮放到烤盘上，轻轻地盖上保鲜膜，放到温暖的地方进行最终发酵，约需1小时。

4 将洋梨切成厚3mm的薄片。

5 用毛刷将蛋黄液涂抹在**3**的面皮上，来回涂2遍。

6 将裱花嘴装在裱花袋上，装入卡仕达奶油酱，在每个面皮的中央挤上15g奶油酱。

7 每个面皮上都放一份切成薄片的切半洋梨（**a**）。

8 将面皮放到烤箱中，用200℃烤20分钟左右。烤好后，立刻用毛刷将糖浆涂抹在面包的面皮部分上（**b**）。将面包放到冷却架上冷却。

9 面包冷却后，用毛刷将明胶液涂抹到洋梨上（准备明胶液时，按照使用说明加热即可，**c**）。

最终发酵结束后，将蛋黄液涂抹在面皮上，要涂抹2遍，再挤上卡仕达奶油酱，放上洋梨。

烘烤完成后，马上将糖浆涂抹在面包的面皮上。这样面包会更有光泽。

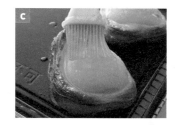

面包冷却后，为了让洋梨更有光泽，可以将明胶液涂抹在洋梨上。也可以用加热后的苹果酱代替明胶液。

其实杏仁奶油羊角面包本来是为了处理前一天卖剩下的面包而诞生的，但是杏仁奶油的加入却使得羊角面包发生了惊人的变化。这款面包味道浓郁，也可以当作点心食用。因为它的美味，人们会特意将羊角面包做成杏仁奶油羊角面包来食用。

红豆羊角面包就是红豆馅版的杏仁奶油羊角面包，这款面包也非常受欢迎。"请给我一个羊角面包"的法语发音与日语的"红豆羊角面包"发音相似，以此为名的这款面包正在热销中哦（笑）！

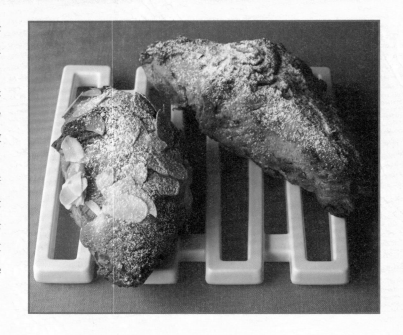

杏仁奶油羊角面包
Croissant aux amandes

材料（4个的量）

羊角面包··············· 4个
杏仁奶油（➡p35）······ 80～100g
杏仁薄片··············· 适量
糖粉··················· 适量

制作方法

1 用锯齿刀将羊角面包从中间切成上下两半。

2 在下面的面包切面上涂一层薄薄的杏仁奶油（ **a** ），然后将上下两部分重新合在一起。

3 将杏仁奶油均匀地涂到面包的上表面，每个面包涂15~20g（ **b** ）。

4 在奶油上放足量的杏仁薄片（ **c** ）。

5 将面包放到烤箱中，用170℃烤15分钟左右。将面包上的杏仁奶油烤干即可，不要烘烤过度。烤好后放到冷却架上冷却。面包变凉后用网筛撒上适量的糖粉。

a

b

c

红豆羊角面包
Un croissant, s'il vous plaît

材料（4个的量）

羊角面包··············· 4个
粒状红豆馅（市售）··········· 适量

◙ 红豆奶油
粒状红豆馅（市售）···········40g
杏仁奶油（➡p35）···········40g
糖粉··················· 适量

制作方法

1 用锯齿刀将羊角面包从中间切成上下两半。

2 在下面的面包切面上涂一层薄薄的红豆馅，然后将上下两部分重新合在一起。

3 将制作红豆奶油的红豆馅和杏仁奶油搅拌均匀。

4 将 **3** 中的红豆奶油均匀地涂抹到 **2** 的上表面，每个面包涂20g。

5 烘烤方法与左侧"杏仁奶油羊角面包" **5** 相同。

第五章

人气面团

本章将向大家介绍面包房里

常见的"法国乡村面包"面团，

还有最近人气很高的多水面包——"法式简面包"面团的制作方法。

主厨强烈推荐的法式简面包，也是最适合在家制作的面包。

请大家一定要挑战一下。

使用中种法让面团在低温下发酵一晚。
这是一款制作简单、风味和香气俱佳、味道朴实的面包。

法国乡村面包

Pain de campagne

用中种面团代替天然酵母

　　我店里的法国乡村面包都是利用天然酵母制作而成。但是在家里制作面包时，很难维持天然酵母的活性，所以我建议大家使用中种面团制作面包。

　　中种法就是先让一部分面团发酵，然后将发酵的面团（中种面团）和主面团混合在一起的和面方法。将面粉、酵母和水混合发酵，再把面团放入冰箱的冷藏室中，在低温下慢慢发酵。在低温冷藏的状态下，麦芽糖会给酵母提供能量，从而避免酵母失去活性。此时酵母的活动几乎完全停止，所以面团不会膨胀，但面团在此过程中还在慢慢熟成。这个过程决定了面包的味道。

中种法可以提升面包的风味和香气，也可以让面团的发酵更稳定

　　中种法的优点在于，**将中种面团混合到主面团中，使面团的香气和风味更加出色。**中种面团就像是长跑选手在比赛中持续发力一样，让面团的发酵更加稳定。**这样一来面团就很难受温度、湿度等周围环境，以及发酵时间的影响，所以用这种面团制作面包的成功率很高，很容易就能做出美味的面包。**

　　经过漫长发酵制成的面包，**香味也可以维持很久。**像法国乡村面包这样味道朴实醇厚的面包，烤好后放置的时间越久，味道也越好。想要做出这样的面包就要借助中种的力量。

　　如果觉得提前一天制作中种面团很麻烦，也可以当天制作。此时要将即发干酵母的用量提至2倍，再将面团放到温暖的地方发酵2小时，中种面团就做好了。将中种面团揉进主面团及之后的制作步骤都是一样的。

材料（1个的量）

◇ **中种面团**
- 中筋面粉（Terroir Pur）… 125g
- 即发干酵母 …………………… 1g
- 麦芽糖浆 ……………………… 1g
- 水 ……………………………… 125g

◇ **主面团**
- 中筋面粉（Terroir Pur）… 125g
- 黑麦粉（细磨）………………… 25g
- 即发干酵母 …………………… 1g
- 水 ……………………………… 60g
- 盐 ……………………………… 4g

为了防止面团的韧性太强，要使用中筋面粉制作。

准备

◉ 在方盘里倒满热水，放入烤箱下方预热。将预热温度设定为烤箱的最高温度。

需要特别准备的工具

直径18cm的发酵篮、割包刀

发酵篮是指藤编的发酵专用篮子。这种篮子不仅有助于面包的整形，还可以吸收面团中多余的水分。

中种面团
◎ 发酵2小时
◎ 在冰箱里冷藏发酵一晚

▼

和面
🌡 面团和好后的温度为25℃

▼

一次发酵
🕐 2小时
（1小时➡排气➡1小时）

▼

整形
◎ 整理成圆形
◎ 放入发酵篮

▼

最终发酵
🕐 1小时

▼

烘烤
割包
🌡 250℃　🕐 30分钟
（蒸汽状态）

法国乡村面包的制作方法

前一天

1 **稀释麦芽糖浆。**

前一天开始制作中种面团。用少量水（分量内）稀释麦芽糖浆。

由于麦芽糖浆比较黏稠，所以要先用水稀释。

2 **将其他材料加入面粉中。**

将面粉筛到碗中，加入即发干酵母、稀释后的麦芽糖浆和水。

这里使用的面粉是100%法国产小麦制成的Terroir Pur面粉，这种面粉的小麦风味十分突出。

3 **用硅胶铲搅拌。**

用硅胶铲将**2**搅拌均匀。

搅拌后的面团特别软塌，黏性较大。

4 **发酵 2 小时。**

将面团整理规整。将撒有手粉的保鲜膜轻轻盖在碗上，再将碗放到温暖的地方发酵2小时。

5 **在冰箱的冷藏室中发酵一晚。**

将面团直接放到冰箱的冷藏室中，发酵一个晚上。

当面团表面布满气泡，周围稍稍隆起时就可以结束发酵了。气泡小说明面团发酵不充分，气泡大说明面团发酵过度。当气泡和图片中的大小差不多时，就说明面团的发酵状态较好。

制作当天

6 **将制作主面团的材料倒入碗中。**

制作主面团。将面粉和黑麦粉筛到另一个碗里，加入干酵母，在面粉中央挖一个浅坑。

7 加水。

在中央的浅坑里倒入水。

8 让水分被面粉完全吸收。

用硅胶铲搅拌，使水分被面粉完全吸收。

> 不要过分搅拌，以免面团的韧性过强，轻轻搅拌即可。如果面团的韧性太强，便很难与中种面团混合在一起。

9 加盐。

当搅拌到一定程度，但水分还没有被面粉完全吸收时，将盐倒入碗中。

> 由于面团的材料比较简单，为了避免盐分抑制酵母的活性，在面粉和酵母混合到一定程度时放盐。

10 继续搅拌。

继续搅拌，让水分充分被面粉吸收。

11 加入中种面团。

当搅拌至面粉表面没有水痕、开始形成面屑时，加入 **5** 中的中种面团。

> 中种面团的状态比较黏稠。经过一晚的漫长发酵，面团会散发出偏酸的独特香气。

12 用硅胶铲搅拌。

用硅胶铲将主面团和中种面团搅拌均匀。

13 和面。用手指尖拿放面团。

大致搅拌均匀后，将面团倒在操作台上。用"和面法**B**"（➡p9）和面。

> 由于加入了黑麦粉，面团会特别粘手，所以和面时要多用些手粉。为了防止面团粘到手上，和面时尽量用手指尖拿放面团。

14 将面团轻摔在操作台上。

提起面团，轻轻摔在操作台上。

> 不要用力摔，以免面团的韧性过强。

15 向对侧折叠面团。

顺势将摔在台面上的面团向对侧折叠。重复 **13** ~ **15** 的动作。

16 尚未完全形成面筋的状态。

和面至面团不粘台面，也不粘手，用手指按压时有一定的弹性即可。

用两手拉面团的边缘，虽然面团可以勉强被拉长，但拉长的部分并不光滑。此时面团中已经形成一部分面筋，和面至这个程度即可。

17 将面团整理成圆形。

一边抚平面团的表面，一边将面团整理成圆形。面团和好后的温度为25℃。

18 一次发酵用时 2 小时。

将面团放到和面使用的碗中，将撒有手粉的保鲜膜轻轻盖在碗上，放到温暖的地方进行一次发酵，约需2小时。发酵1小时后，倒扣碗，将面团直接倒在操作台上，从四个方向分别轻轻折叠面团排气。排完气后，将面团放回碗里，继续发酵1小时。

19 一次发酵结束。

排气后，当面团再次膨胀到原来的1.5倍大时，一次发酵结束。

不要只看时间，一定要参考面团的大小判断发酵情况。

20 将手指戳进面团检查面团的状态。

食指裹上手粉，然后戳进面团并立即拔出。

21 如果洞穴保持现状，说明发酵状态良好。

如果用手指戳出的洞穴大小不变，就说明面团的发酵状态良好。

如果洞穴有缩小的倾向，说明面团发酵得不够，还要继续发酵一会儿。

22 将面团倒在操作台上，排气。

倒扣碗，将面团直接倒在操作台上。一边将此时朝上的部分包在面团内侧，一边排气。

不要用力按压，轻轻排气即可。

23 将面团整理成圆形。

用双手将面团整理成圆形。

双手从面团的顶部移至底部中心，抚平面团的表面。接着让双手小拇指的侧面贴住台面，转动面团，收紧面团底部中心并形成脐状坑。

24 在发酵篮里撒上手粉。

在发酵篮里撒上充足的手粉。

虽然没有发酵篮面团也能发酵，但有了研钵形发酵篮的支撑，面团会发酵得更好。如果不用发酵篮发酵，面团的膨胀就会差一些，内部的气孔也会挤在一起。

25 放入面团。

将面团上下颠倒，捏住面团的顶部，放到发酵篮里。

不要按压面团，将面团轻轻地放到发酵篮里。

26 进行 1 小时的最终发酵。

将撒有手粉的保鲜膜轻轻盖在发酵篮上，然后将发酵篮放到温暖的地方进行最终发酵，约需1小时。

27 最终发酵结束。

上图为最终发酵结束后面团的状态。

发酵结束后，面团会膨胀为发酵前的1.5倍大。最终发酵同样不能只看时间，而要结合面团的大小判断。

28 将面团放到烤盘上割包。

倒扣发酵篮，把面团直接倒在烤盘上。用割包刀给面团割包。

将面团倒在烤盘上，这样较光滑的一面就会朝上。割包时，刀口要划浅一些，左手轻轻按着面团，用右手划出2mm～3mm深的划痕。

29 快速完成割包。

先划出四方形的图案，再在中间划一个叉。

割包后，由于面团的顶部已经被划开，面团会更容易膨胀起来，也可以划出又薄又脆的表皮。同时，里面的面团也可以更好地受热，从而充分延展。

30 在蒸汽状态下用 250℃烤 30 分钟。

事先将装满热水的方盘放到烤箱下方，用最高温度预热，将**29**中的面团放入烤箱，用250℃烤30分钟左右。将烤好的面包放到冷却架上冷却。

在蒸汽充足的状态下烘烤，不仅割口会漂亮地裂开，烤出的颜色也好看。

主厨之声

法国乡村面包如它的名字一样，是一款拥有浓郁小麦风味和微酸发酵香气的朴实面包。这款面包的一般做法是将小麦粉和黑麦粉混合，再使用天然酵母慢慢发酵，烤好的面包又圆又大。发酵的时间越长，面包的保存期限也就越长（相反如果使用大量酵母，让面团在短时间内发酵，面包的美味就不能长时间持续）。只要肯花时间做一个法国乡村面包，每天切几片可以吃3~4天。这里介绍的用中种法制作的面包，即使第3天吃依旧美味。

CHECK　**断面**　面包内部的气孔分布不均匀，同时还有很多大的气孔。

核桃葡萄干面包

Pain de campagne aux noix et raisins

在法国我学到了很多关于面包的知识，事实上与面包房相比，我在法国各地餐厅吃到**的面包和料理让我更加感动，对我的影响也更大**。在法国乡村面包的面团中加入葡萄干和核桃，这一做法是我在里昂南部城市瓦朗斯的一家三星餐厅里，跟制作面包的老爷爷学到的。这款面包搭配当地的圣内克泰尔奶酪非常棒。大家一定要试试看。

材料（6根的量）

法国乡村面包的面团（➡p102）

…………………………… 全量

核桃………………………… 75g

朗姆酒葡萄干……………… 75g

制作朗姆酒葡萄干。先用开水快速烫
一下葡萄干，沥干水后倒入朗姆酒。
朗姆酒的用量不必太多，能浸湿葡萄
干即可。

准备

◉ 将核桃放入烤箱中，用160～180℃烤
15分钟。冷却后大致切碎。

◉ 在方盘中装满热水，放到烤箱下方，然
后预热烤箱。预热温度设定为烤箱的最
高温度。

需要特别准备的工具

网筛

制作流程

▼中种面团	◉ 发酵2小时 ◉ 在冰箱里发酵一晚
▼和面	🌡 面团和好后的温度为25℃
▼一次发酵	🕐 2小时 （1小时➡排气、放入核桃和葡萄干➡1小时）
▼分割	100g
▼中间松弛	🕐 20分钟
▼整形	整形成25cm长的棒状
▼最终发酵	🕐 1小时
▼烘烤	撒手粉 🌡 230℃ 🕐 25分钟 （蒸汽状态）

制作方法

1 做法与"法国乡村面包"（➡
p102）**1** ～ **22**相同。在给面
团排气时，需要将面团摊开，放入
核桃和朗姆酒葡萄干（ **a** ），然后
将它们包裹在面团里。如果一次放入
全部的核桃和朗姆酒葡萄干就会漏出
来，所以需要分2次放，用同样的方
法再次摊开面团放入馅料（ **b** ），最
后将面团整理成圆形（ **c** ），放回碗
中继续发酵1小时。

2 将面团分割成6个100g的小面
团。将小面团滚成细长形，放
到方盘里，轻轻地盖上撒有手粉的
保鲜膜，然后将方盘放到温暖的地
方让面团松弛20分钟。

3 将面团整理成25cm长的棒
状［棒状的整形方法请参
照小型法棍面包（➡p18）做法的
35 ～ **39**］。

4 将整形好的面团放到烤盘上
（ **d** ），轻轻地盖上撒有手
粉的保鲜膜。然后将烤盘放到温
暖的地方进行最终发酵，约需1小
时。

5 把装满热水的方盘放到烤箱下
方，用最高温度预热。用网筛
将手粉撒到 **4** 中的面团上，然后将
面团放入烤箱，用230℃烤25分钟左
右。将烤好的面包放到冷却架上冷
却。

在排气时，放入核桃和朗姆酒葡萄
干。将材料混合到面团里即
可，不要过度和面。

一次放不下所有的核桃和葡萄
干，所以需要再次将面团摊开，
放入剩下的材料，用同样的方法
将馅料裹到面团里。

继续发酵1小时，完成一次发
酵。在此期间，核桃和葡萄干会
完全融入面团里。

将面团整形成棒状。面团膨胀
后，葡萄干很容易掉出来，而且
面棒表面的葡萄干也很容易被烤
煳，所以要把葡萄干按进面棒中。

无花果面包

Pain de campagne aux figues

　　还有一种非常适合与法国乡村面包的面团搭配的食材，那就是无花果干。**制作时加入相当于面团分量1/3的无花果干，吃起来就会有很浓的水果味，值得品尝。**为了让面团和无花果更好地融合在一起，**制作时需要使用含有少量水分的半干无花果。**无花果面包适合搭配红酒，也适合搭配蓝纹奶酪、洗浸奶酪等口味独特的奶酪以及炖鹅肝。此外，在法国乡村面包的面团中放入西梅干也非常美味，可以根据自己的喜好搭配不同的果干，用量与无花果干相同即可。

材料（6个的量）

法国乡村面包的面团（➡p102）
……………………………… 全量
半干无花果…………… 150g

准备

◉ 将半干无花果切成边长1.5cm的小块。
◉ 在方盘中装满热水，放到烤箱下方，预热烤箱。预热温度设定为烤箱的最高温度。

需要特别准备的工具

网筛、割包刀

制作流程

▼中种面团 ◉ 发酵2小时
◉ 在冰箱里发酵一晚

▼和面 🌡 面团和好后的温度为25℃

▼一次发酵 🕐 2小时
（1小时➡排气、放入半干无花果➡1小时）

▼分割 100g

▼中间松弛 🕐 20分钟

▼整形 整形成12cm长的橄榄球状

▼最终发酵 🕐 1小时

▼烘烤 ◉ 撒手粉
◉ 割包
🌡 230℃ 🕐 25分钟
（蒸汽状态）

制作方法

1 做法与"法国乡村面包"（➡p102）**1**～**22**相同。排气时将面团摊开，均匀地放上半干无花果（**a**），再将无花果卷到面团里。如果一次放不下，可以分两次放入，第二次也用同样的方法将剩下的无花果卷到面团里（**b**），然后将面团整理成圆形并放回碗里（**c**），继续发酵1小时。

2 将面团分割成6个100g的小面团。将小面团滚成细长形，放入撒有手粉的方盘中，轻轻地盖上撒有手粉的保鲜膜。将方盘放到温暖的地方进行中间松弛，约需20分钟。

3 将面团整理成12cm长的橄榄球状。先将面团拉伸成椭圆形，然后在短径的1/3处沿着长径向内折叠，用右手手掌拍打面团，压紧接缝处。再从对侧的1/3处向内折叠面团。然后沿着长径对折面团，接缝处朝下，滚动面团，将面团整理成12cm长的橄榄球状。

4 将整形好的面团放到烤盘上，轻轻地盖上撒有手粉的保鲜膜。然后将烤盘放到温暖的地方进行最终发酵，约需1小时。

5 方盘里装满热水，放到烤箱下方，用烤箱的最高温度预热。用网筛在**4**中的面团上撒一层手粉，然后用割包刀在每个面团上斜着划3道切口。将面团放入烤箱中，用230℃烤25分钟左右。将烤好的面包放到冷却架上冷却。

排气时，将半干无花果放到面团上。将无花果混合到面团里即可，不要过度和面。

若无花果一次放不完，就需要再次将面团摊开，放入剩下的无花果，然后用同样的方法将其裹到面团里。

继续发酵1小时，完成一次发酵。

气泡较多、味道轻柔的多水面包。
因为"不用和面",所以特别适合在家制作。

法式简面包

Pain rustique

不用和面,让面筋自然形成

最近,面包业界非常流行多水面包,即面团含水量较高的面包。法棍的含水量大约是67%,多水面包的含水量则都在80%以上。法式简面包属于多水面包的一种,按照本书方法制做出的法式简面包,含水量能达到80%。

这款面包的制作特点是"不用和面"。 制作时使用的材料非常简单,所以面团非常敏感,但制作过程并不复杂,适合在家制作。

通常制作面包时,要通过和面促进面筋结构的形成,面筋的韧性和延展性会最终决定面包的口感。而法式简面包却采用了完全相反的做法。

和面的确能促进面筋快速形成,但实际上只要将面粉和水混合到一起,即使放着不管,随着时间的流逝,面筋也会自然地形成。只是这样形成的面筋黏性较差,所以烤出来的面包比较松脆。咬一口就能感受到面包脆脆的口感。

制作这款面包时也不用整形,将分割后的面团直接烘烤即可。所以才会有"朴实的(rustique)面包"这一称呼。

用3次排气代替和面

制作过程中最重要的就是3次排气。所谓排气,其实就是捏起面团,然后轻轻折叠。只是这样烤出的面包,其内部的气泡会大小不一。由于没有和面,所以面筋不是特别强,烤好的面包表皮比较薄。不和面的另一个好处就是突出面粉的风味。总之,如果想充分体现法式简面包的风味特色,最好使用不和面的方法制作。为了操作起来更容易,从3次排气到分割的过程中都要使用方盘。

材料(4个的量)

中筋面粉(Terroir Pur)	250g
即发干酵母	1g
温水(约36℃)	50g
麦芽糖浆	1g
盐	5g
水	150g

为了防止面团的韧性过强,要使用中筋面粉。这里使用的是100%法国产小麦制成的Terroir Pur面粉,这种面粉的小麦风味十分突出。

准备

◉ 将装满热水的方盘放到烤箱下方预热。
◉ 预热时也要把烤盘放入烤箱。
◉ 预热温度设定为烤箱的最高温度。

需要特别准备的工具

烘焙布(最终发酵时使用)

和面

🌡 面团和好后的温度为23℃

▼

一次发酵

🕐 2小时20分钟

（30分钟➡排气➡1小时➡排气➡
30分钟➡排气➡20分钟）

▼

分割

分割成4份

▼

最终发酵

🕐 1小时

▼

烘烤

🌡 250℃ 🕐 20分钟

（蒸汽状态）

法式简面包的制作方法

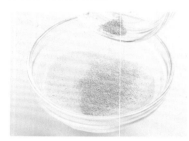

1 将即发干酵母撒入温水中。

在碗中倒入温水，撒入干酵母。

放置一会儿，直至酵母沉到碗底。由于这款面包的面团特别敏感，所以要先将干酵母溶到温水里，从而促进酵母的活性。

2 把盐放到水中溶解。

在另一个碗里倒入水，然后倒入盐溶解。

由于和面时间较短，所以先将干酵母和盐溶入水中，混合起来会比较容易。制作敏感的面团才需要采用这种办法，操作时一定要仔细。

3 将**1**中的酵母搅拌至化开。

待**1**中的干酵母沉底后，用打蛋器或叉子轻轻搅拌至酵母化开。

4 将酵母液和麦芽糖浆混合。

用少量**3**中的酵母液稀释麦芽糖浆。然后将糖浆倒入**3**中的酵母液中，用打蛋器搅拌均匀。

由于麦芽糖浆比较黏稠，所以要先用液体稀释再倒入碗中。

5 将酵母液倒入面粉中。

将面粉筛到另一个碗中，加入**4**中的酵母液。

6 将面粉和水大致搅拌均匀。

用硅胶铲轻轻搅拌，让水分完全被面粉吸收。

不要搅拌过度。

7 倒入一半的盐水并搅拌。

将面粉和水大致搅拌均匀后，倒入**2**中一半的盐水搅拌。

由于和面时间较短，为了防止盐接触酵母，影响其活性，要慎重地分次倒入盐水。

8 倒入剩下的盐水。

当水分被完全吸收后，倒入剩下的盐水。

9 将面粉搅拌均匀。

搅拌至面块消失。

在面团产生韧性之前停止搅拌，记住"只搅拌"就可以了。

10 搅拌好的面团温度较低，为23℃。

测量搅拌好的面团的温度。理想温度为23℃。

之后还要进行3次排气等操作，这会使面团的温度上升，所以搅拌好的面团温度要稍微低一些。

11 将面团放到方盘里进行一次发酵。

在方盘里撒一层薄薄的手粉，放入面团，轻轻地盖上撒有手粉的保鲜膜，然后将方盘放到温暖的地方进行一次发酵，约需2小时20分钟。

由于面团含水量较高，所以比较软塌黏稠。测温后，将面团从碗里移到方盘中。

12 排气。

发酵30分钟后，进行第一次排气。

一次发酵开始30分钟后，进行第一次排气，第二次排气在第一次排气完成的1小时后进行，第三次排气在第二次排气完成的30分钟后进行。

13 第一次排气。

用手指尖捏住面团的边缘，然后向中心折叠。

与发酵前相比，此时的面团比较光滑。如果面团粘手，可以在指尖上裹一些手粉。

14 折叠面团。

均等地从边缘的8个位置向中心折叠面团。

15 将面团整理平整。

轻轻地抚平面团。

p116继续

16 继续发酵。

将保鲜膜轻轻地盖在面团上，然后继续发酵。

> 每次排气后，面团的状态都会发生变化。

17 从 **16** 开始发酵 1 小时。

从 **16** 开始发酵1小时后，进行第二次排气。

> 此时面团会膨胀起来，表面再次变得平滑，此时面筋已经形成。

18 进行第二次排气。

使用与 **13** ~ **15** 相同的方法，从边缘向中心折叠面团。

> 此时面团的状态会好很多，但还是比较软塌且粘手。

19 折叠面团。

均等地从边缘的7个位置向中心折叠面团。

> 随着排气次数的增加，要逐渐减少折叠的次数和力度。此时虽然已经形成面筋，但是面团还比较软塌。

20 将面团整理平整。

轻轻地抚平面团。

21 继续发酵。

将保鲜膜轻轻盖在面团上，继续发酵。

22 从 **21** 开始发酵 30 分钟。

从 **21** 开始发酵30分钟后，进行第三次排气。

23 进行第三次排气。

使用与 **13** ~ **15** 相同的方法，从边缘的3个位置折叠面团。

> 此时面团已经有了一定的韧性，所以折叠时可以用刮板刮起粘在方盘上的面屑，这样折叠起来就容易多了。

24 将面团整理平整。

轻轻地抚平面团。

25 继续发酵。

将保鲜膜轻轻盖在面团上，然后继续发酵20分钟。

26 从 **25** 开始发酵 20 分钟后，结束一次发酵。

上图为一次发酵结束时面团的状态。

此时的面团已经具有一定的韧性，是一个合格的面团。

27 将面团放到操作台上。

倒扣方盘，将面团放在操作台上。

不用排气，直接分割面团。

28 将面团分割成 4 份。

一边将面团朝上的部分包入内侧，一边整形成合适的长方形。然后用刮板将面团分割成4份。

每份面团重约110g。切分即可，不用整形。

29 最终发酵 1 小时。

将烘焙布铺到烤盘上，撒上充足的手粉，然后将面团上下颠倒放到上面。隆起面团两边的布，将保鲜膜轻轻地盖在面团上，然后将烤盘放到温暖的地方进行最终发酵，约需1小时。

30 在蒸汽状态下，用 250℃烤 20 分钟。

将装满热水的方盘放到烤盘下方，然后用最高温度预热。将面团放到事先预热的烤盘上，用250℃烤20分钟左右。将烤好的面包放到冷却架上冷却。

如果可以最好用270℃烘烤。

CHECK 断面 这款面包的特点是具有不规则的大气泡和薄脆的外皮。

法式水果简面包

Pain rustique aux fruits des bois

　　由于面团中有较大的气泡，所以法式简面包的口感轻盈，里面什么都不放才能更好地体现这种特色。但是这款麦香味十足的简单面包与橙皮和腰果搭配也很美味。此外，还可以搭配蔓越莓。关键是要在第一次排气时加入这些材料。如果在后面的操作中加入这些材料，就会破坏面团内好不容易形成的气泡。

材料（4个的量）

法式简面包的面团（➡p112）
　……………………………全量
橙皮（切小丁）…………… 50g
君度力娇酒………………… 5g
腰果……………………… 50g

准备

◉ 将装满热水的方盘放到烤箱下方预热。烤盘也要放入烤箱同时预热。预热温度设定为烤箱的最高温度。

◉ 将腰果放到160～180℃的烤箱中烤15～20分钟，然后大致切碎。

◉ 将橙皮和君度力娇酒混合到一起。

制作流程

▼和面　🌡 面团和好后的温度为23℃

▼一次发酵　🕐 2小时20分钟
（30分钟➡排气、放入橙皮和腰果
➡1小时➡排气➡30分钟➡排气
➡20分钟）

▼分割　分割成4份

▼最终发酵　🕐 1小时

▼烘烤　🌡 250℃ 🕐 20分钟
（蒸汽状态）

制作方法

1 做法与"法式简面包"（➡p112）
1～**30**相同（**d**～**f**）。不同处
在于**13**进行第一次排气之前，先将
橙皮和腰果放到面团上（**a**～**c**）。

第一次排气时，将橙皮和腰果放在面团上，让材料混入面团中。

与基本款法式简面包的操作相同，捏住面团的边缘向中心折叠。不必刻意将材料混合到面团里，避免过度折叠，请牢记此步骤的主要目的是给面团排气。

后面还要排2次气，所以即便材料没能与面团混合均匀也没有关系。

3次排气及一次发酵都完成后，倒扣方盘，把面团倒在操作台上。此时的面团与发酵前相比变得更加柔软了，也有了一定的韧性。

用刮板将面团分割成4等份。每份重约140g。

把面团放到烘焙布上进行最终发酵，然后烘烤。

面包伴侣

焦糖苹果酱
Confiture de pomme au caramel

　　在苹果上市的季节，一定要试着做一做。这款果酱的特色是带有浓郁的焦糖味。

材料（10个120mL的瓶子的量）		
A 苹果·················· 8个（1kg）		
细砂糖················· 250g		
B 细砂糖················· 500g		
水···················· 400g		
C 细砂糖················· 250g		
琼脂（市售）·············· 8g		

准备

◉ 先将保存用的瓶子放到热水里煮沸消毒，然后倒扣瓶子，自然晾干。

制作方法

1 苹果去皮去核，切碎。

2 将 **1** 中的苹果和 **A** 中的砂糖倒入锅中加热，煮至苹果稍微变色且变软，直接放置一晚。

3 第二天制作焦糖。将 **B** 倒入锅中加热，用硅胶铲不断搅拌，直至糖浆变成褐色。

4 将 **2** 倒入 **3** 中。

5 将 **C** 中的材料混合到一起，倒入 **4** 中搅拌均匀。再根据自己的喜好煮至一定的黏稠度。

6 趁 **5** 还热时，将其放入保存用的瓶子中，盖紧瓶盖，将瓶子倒置一天。在锅中倒入相当于瓶子高度1/3的水，将瓶子倒置于锅中，煮20分钟消毒。

我的店里有很多适合搭配面包的手工果酱和肉糜酱，我会根据季节和各种氛围制作不同的酱料。这些酱料在制作面包的间歇就可以做好，大家一定要亲手做做看。有了这些手工酱，用餐气氛也会变得更加愉快。

猪肉酱

Rillettes de porc

这是一款具有法国风情的肉酱，做法非常简单。将油脂倒在肉酱上密封，就可以在冰箱里保存1个月左右。最好抹在法棍面包或法国乡村面包的切片上品尝。

材料（约12个直径6cm的耐热陶碗）

猪肩里脊肉	500g
盐	6g
白胡椒	3g
砂糖	3g
洋葱	1/2个
大蒜	1瓣
猪油	25g+380g
白葡萄酒	200mL
百里香	1/2枝
月桂	1/2片

制作方法

1 将猪肩里脊肉切成边长5cm的小块，然后用盐、白胡椒和砂糖腌制一晚。

2 将洋葱切半，沿着纤维切成薄片。把大蒜捣碎。

3 加热煎锅，放入25g的猪油，然后将**2**中的洋葱放入锅中翻炒，不用炒变色。

4 将**1**中的猪肉倒入锅中，当肉的表面炒熟后，加入白葡萄酒和380g的猪油。捞去上面的浮沫，加入百里香和肉桂。用小火（85℃左右）煮4小时30分钟。

5 从**4**的锅中取出上方1/3的澄清油脂，放到容器里。将剩下的油脂和肉分开，将肉轻轻碾成肉糜。

6 在碗里倒入和肉分开的油脂，把碗浸到冰水中，再慢慢搅拌，直至油脂变成柔软的奶油状，加入**5**中的肉糜慢慢搅匀。

7 将**6**装入耐热陶碗中压实，注意不要混入空气，再倒入从**5**中取出来的澄清油脂。

在我的店里还可以看到法国各地的特色点心。下面将会向大家介绍面包干，以及法国面包房常见的法式珍珠小泡芙等人气点心。

2种面包干

Rusk

用法棍面包制作黑糖面包干和焦糖面包干，只须将法棍面包切成不同的形状即可。既可以当作茶点食用，也可以带去宴会上和朋友一起分享。

黑糖面包干
Crouton rusk au sucre noir

材料

法棍面包………………………	1/2个
黄油（不含食盐）……………	50g
黑糖（粉末）…………………	70g

准备

◉ 在烤盘上铺上烘焙纸。

需要特别准备的工具

烘焙纸

制作方法

1 将法棍面包切成边长1cm～1.5cm的小块。

2 将黄油放入锅中加热，同时不停地摇晃锅，直至黄油变成较深的茶色。关火，待余热散去，加入黑糖，用硅胶铲搅拌均匀。

3 将**1**中的面包块倒入**2**中搅拌，让液体渗透到面包块里。

4 将**3**摆放在烤盘上，中间要留有一定的间距。将烤盘放入120℃的烤箱中，烤40~60分钟，直至完全烤干。

焦糖面包干
Rusk caramel

材料

法棍面包………………………	1/2个
黄油（不含食盐）……………	100g
细砂糖…………………………	75g

准备

◉ 将黄油放到室温下软化。

◉ 在烤盘上铺上烘焙纸。

需要特别准备的工具

抹刀、烘焙纸

制作方法

1 将法棍面包切成2mm~3mm厚的薄片。

2 将黄油放入碗中，用打蛋器搅拌成奶油状。

3 加入细砂糖并搅拌均匀。

4 用抹刀将**3**均匀地抹在**1**上。

5 将面包片摆在烤盘上，放入160℃的烤箱中，烤10～12分钟。

材料（约50个的量）

牛奶	150g
黄油（不含食盐）	60g
砂糖	4g
盐	4g
中高筋面粉（rys d'or）	90g
鸡蛋	约3个
橙花水（➡p71）	3g
珍珠糖	适量

准备

◉ 将鸡蛋放到常温下回温。
◉ 在烤盘上铺上烘焙纸。

需要特别准备的工具

烘焙纸、裱花袋、圆形裱花嘴（直径7mm）

法式珍珠小泡芙

Chouquette

　　裱花袋不是用来挤奶油的，而是用来挤小泡芙面糊的。将材料搅拌均匀，加入橙花水，可以让烤好的小泡芙充满橙花水的香味。在所有甜点中，泡芙无疑是法国面包房里最经典的甜点。刚出炉的小泡芙只要摆到柜台上，余温还未散去就会被顾客买走，这是法国面包房里常见的景象。泡芙上的珍珠糖有一部分会化开变成焦糖，焦香诱人、口感清脆。

制作方法

1 将牛奶、黄油、砂糖和盐加入锅中，用大火加热。

2 将 **1** 加热至沸腾后，立即关火。把面粉一次性倒入锅中（**a**），用木铲迅速搅拌均匀。

3 开火加热，一边搅拌一边用木铲将面块打散。当面糊变得光滑、黏稠且有光泽时（**b**）关火，将面糊装到碗里。

4 将蛋液搅匀，分5次倒入 **3** 的面糊中。每次倒入都要用打蛋器仔细搅匀（**c**）。

5 留下20mL蛋液用来调整面糊的软硬度。舀起面糊时，面糊会像丝带一样顺滑地落下，就说明搅拌好了（**c**）。

6 最后加入橙花水搅拌。

7 将裱花嘴装在裱花袋上，倒入 **6** 中的面糊。在烤盘上挤出直径2cm的圆形面糊。

8 将足量珍珠糖均匀地撒在烤盘里（**d**），双手拿起烤盘摇晃（**e**），让珍珠糖粘在面糊上。倾斜烤盘，抖落多余的珍珠糖（**f**）。

9 放入180℃的烤箱，烤26分钟左右。

搅拌这一分量的面糊，使用直径15cm的小锅更容易。

搅拌至木铲能轻易切断面糊即可。当面糊变得细滑且有光泽时，立即关火。

将蛋液分5次倒入面糊中。刚倒入时，蛋液和面糊呈分离的状态，搅拌好后，面糊就会与蛋液融为一体且变得有光泽。也可以用电动打蛋器或食物调理机搅拌。如果不想烤好的泡芙表面凹凸不平，面糊就不能太软。用打蛋器舀起面糊时，面糊会呈倒三角挂在打蛋器上且缓慢落下，就说明面糊的软硬度适中。

撒上足量的珍珠糖。

大幅度摇晃烤盘，让珍珠糖粘在面糊上。

倾斜烤盘，抖落多余的珍珠糖。挤出的面糊也可以冷冻保存。将烘焙纸上的面糊直接冷冻，冻好后从烘焙纸上拿下来，放入密封食品袋里冷冻保存。烘烤前将面糊放到烤盘上解冻，再撒上珍珠糖即可。

材料（8个的量）

低筋面粉	175g
黑麦粉	75g
泡打粉	5g
⌈姜粉	3g
肉桂粉	3g
茴香粉	1g
小豆蔻粉	1g
肉豆蔻粉	1g
⌊多香果粉	1g
鸡蛋	2个
粗糖	75g
蜂蜜	200g
黄油（不含食盐）	100g
橙子（切扇形）	8片
西梅干	4个
无花果干	4个
葡萄干	32个
橙皮（切丁）	适量
杏仁（切半）	8个
核桃（切半）	8个
开心果	8个
明胶液（涂抹用）	适量

6种香辛料均为粉末状。装饰用的干果可以按个人喜好选择。

准备

◉ 将黄油化开。
◉ 将西梅干和无花果干切半。

需要特别准备的工具

8cm×3.5cm×高2.5cm的法国木制烘焙模具8个（也可以使用差不多大小的磅蛋糕模具）

法式香辛蜂蜜面包

Pain d'épices

　　法式香辛蜂蜜面包是将多种香辛料混合到面粉中制作而成。纯正的法式香辛蜂蜜面包香甜浓郁，有着妙不可言的美味，但我在制作的时候，特意减轻了香辛料的味道，让味道更加柔和，从而更容易被大众接受。这款面包的口感也很独特，由于加入了大量的蜂蜜，所以面包口感紧致柔润。可以将干果放在面团上烘烤，使面包的口感更丰富，即使什么都不放烤出的面包也很美味。

制作方法

1 将低筋面粉、黑麦粉、泡打粉和6种香辛料一起过筛（ **a** ）。

2 将鸡蛋和粗糖倒入碗中，用打蛋器搅拌至粗糖化开。加入蜂蜜搅拌均匀（ **b** ）。

3 将 **1** 分2次倒入 **2** 的碗中搅拌均匀（ **c** ）。

4 将化开的黄油倒入 **3** 中搅拌（ **d** ）。

5 在每个模具中倒入90g面糊（ **e** ）。

6 将模具放入180℃的烤箱中，烘烤25分钟。烤至15分钟的时候取出面包，用刀在面包上划一道切口（ **f** ）。将1片橙子、1/2个西梅、1/2个无花果、4个葡萄干、1小撮橙皮丁、1个杏仁、1个核桃、1个开心果放到切口里（ **g** ），再继续烤10分钟。

7 面包冷却后，在表面均匀地涂抹一层明胶液（准备明胶液时，按照使用说明加热即可）。

将面粉和6种香辛料一起过筛。黑麦粉可以减轻香辛料的涩味。

加入足量的蜂蜜，用打蛋器搅拌均匀。

这款面包的制作方法非常简单，按顺序加入材料即可。每次加入都要将材料搅拌顺滑。

搅拌至面糊变得黏稠且偏硬时再加入黄油。黄油会使面糊的延展性变得更好，也会让面糊稍微松软一些。

由于面糊比较黏稠，可以舀起面糊倒入模具中。

烘烤约15分钟后，面包中央会鼓起，这时要打开烤箱，用刀在面包上划一道切口，这样面团中央才能更好地受热。

快速在切口中放入干果，注意颜色搭配，然后将面包放回烤箱。涂抹明胶液可以让面包更有光泽，也可以防止面包变干。

图书在版编目（ＣＩＰ）数据

藤森二郎的美味手册：面包完全掌握 / (日) 藤森
二郎著；马金娥译. —— 北京：中国民族摄影艺术出版
社, 2018.5
　　ISBN 978-7-5122-1104-9

　　Ⅰ.①藤… Ⅱ.①藤… ②马… Ⅲ.①面包 – 制作
Ⅳ.①TS213.2

中国版本图书馆CIP数据核字(2018)第042242号

TITLE：［「エスプリ・ド・ビゴ」藤森二郎のおいしい理由。パンのきほん、完全レシピ］
BY：［藤森二郎］
Copyright © Jiro Fujimori 2016
Original Japanese language edition published in 2016 by Sekai Bunka Publishing Inc.
All rights reserved. No part of this book may be reproduced in any form without the written permission of
the publisher.
Chinese (in Simplified Character only) translation rights arranged with Sekai Bunka Publishing Inc., Tokyo
through NIPPAN IPS Co., Ltd.

本书由日本株式会社世界文化社授权北京书中缘图书有限公司出品并由中国民族摄影艺术出版
社在中国范围内独家出版本书中文简体字版本。
著作权合同登记号：01-2017-8103

策划制作：北京书锦缘咨询有限公司（www.booklink.com.cn）
总 策 划：陈　庆
策　　划：滕　明
设计制作：王　青

书　　名：藤森二郎的美味手册：面包完全掌握
作　　者：〔日〕藤森二郎
译　　者：马金娥
责　　编：连　莲
出　　版：中国民族摄影艺术出版社
地　　址：北京东城区和平里北街14号（100013）
发　　行：010-64211754　84250639　64906396
印　　刷：北京彩和坊印刷有限公司
开　　本：1/16　185mm×260mm
印　　张：8
字　　数：100千字
版　　次：2018年5月第1版第1次印刷
ISBN 978-7-5122-1104-9
定　　价：58.00元